微反应心理学

见微知著，洞察真相

Micro-expressions,also called phycological stress expressions,are the instinctive reactions of human being by the long-term evolution,heredity and inheritance.As revealing the heart secrets, micro-expressions are the most accurate clues to understand a person's inner thoughts.Applicable for all scenes of interpersonal communication,micro-expressions are,so to speak,the scientific inter-pretations of a person's body secrets.

马浩天◎著

苏州新闻出版集团
古吴轩出版社

图书在版编目（CIP）数据

微反应心理学 / 马浩天著. -- 苏州：古吴轩出版社，2017.5（2025.4重印）
ISBN 978-7-5546-0911-8

Ⅰ. ①微… Ⅱ. ①马… Ⅲ. ①心理学—通俗读物 Ⅳ. ①B84-49

中国版本图书馆CIP数据核字（2017）第066549号

策　　划：花　火
责任编辑：蒋丽华
见习编辑：薛　芳
装帧设计：润和佳艺

书　　名：微反应心理学
著　　者：马浩天
出版发行：苏州新闻出版集团
古吴轩出版社
地址：苏州市八达街118号苏州新闻大厦30F
电话：0512-65233679　　　邮编：215123
出 版 人：王乐飞
印　　刷：大厂回族自治县彩虹印刷有限公司
开　　本：710mm × 1000mm　　1/16
印　　张：16
版　　次：2017年5月第1版
印　　次：2025年4月第6次印刷
书　　号：ISBN 978-7-5546-0911-8
定　　价：39.80元

前言
PREFACE

你刚认识一位新朋友，可不清楚对方是个什么类型的人，也不知他跟你说话的时候是否真诚。对方在侃侃而谈或沉默不语的时候，他的内心究竟在想什么呢？

你的老板在公司大会上表扬了你，说你上一季度业绩出众，可是接下来的升职加薪却没你的份。你想知道老板对你有什么意见，可又找不到头绪。到底是哪个环节出问题了呢？

你和客户进行商务谈判，客户说自己的条件非常优惠，已经到了底线，甚至当场做出就算谈判破裂也不会妥协的样子。你如何知道客户是真的拿出了全部诚意，还是在做样子？

跟恋人交往三年了，感情不像原来那么炽热，你不知道他（她）的爱是否还在。尽管每次问起来，他（她）都信誓旦旦地说非你不娶（嫁），但你总是有一种隐隐的不安和怀疑。

上述这些情况，究竟哪里不对劲呢？

其实，想知道真相并不难。身处上述具体情境中的时候，你可以对对方的声音、表情、身体动作等微反应进行观察和对比，然后判定对方所说是否为内心的真实想法。假如对方的动作、表情和语言不一致，则很可能说明他（她）

言不由衷。

西方心理学的开山鼻祖弗洛伊德曾说过这样一段经典名言：“任何人都无法保守他内心的秘密。就算他的嘴巴保持沉默，他的指尖也会喋喋不休，甚至他的每一个毛孔都会背叛他！”这段话的意思是说，每一个人的内心都是有踪迹可寻、有端倪可察的。就算他掩盖得再严实，各种微反应、微表情也会悄悄地泄密。

这本《微反应心理学》，就是以“客观地观察”为指导原则，帮助你发现隐藏在人们的微反应背后的秘密，从而了解对方的心理活动。所以，这本书的首要创作目的，就是启发大家捕捉各种日常小动作、小习惯、细微表情、随口而出的三言两语，从而轻松读懂身边的人，也更了解自己。此外，本书的每个小节基本上都独立成章，大家可以从自己感兴趣的任何地方读起。

当然，在不同情景下，同一个微反应所代表的含义也不尽相同，所以，书中所阐述的观点和解说并不是唯一的正确答案。本书的创作意图是教大家一种心理学的思维方式。读过这本书后，假如你能从心理学的视角来分析人类行为，并体验到微反应与心理的有趣联系，那你就是有收获的。

目录
CONTENTS

第一章 走进微反应心理学，解读会说话的身体秘密

第二章 解读常见的微反应，快速辨识他人的真实意图

第三章 洞悉细微反应，透过肢体语言看清真实内心

第四章 与陌生人交谈，读懂其微反应才能投其所好

第五章 想寻找真诚的朋友，微反应告诉你真心假意

第六章 想在职场中游刃有余，微反应心理学是必修课

第七章 签约客户时，看透其微反应是成功签单的必杀技

第八章 掌握恋爱微反应，在举手投足间更懂彼此心意

第九章 经营婚姻生活，懂些微反应使相处更和谐

第十章 警惕小习惯，别让日常微反应出卖你

附录

第一章
走进微反应心理学，解读会说话的身体秘密

微反应，又称为心理应激微反应，是人类经过长期进化遗传、继承下来的本能反应。微反应透露着一个人内心的秘密，是了解一个人内心真实想法的最准确线索。它适用于所有人际交往的场景，可以说，微反应就是对一个人身体秘密的科学解读。

究竟什么是微反应

受到意外刺激时，人的第一反应是减少身体动作，保持瞬间静止，以便看清突发状况并做出应对之策。那么，我们为何会出现这样的反应呢？它又起怎样的作用呢？

微反应的全称是心理应激微反应，它是指在受到有效刺激之后，所做出的不经意的反应动作，是心理学领域的一个新词。微反应对应的英文应该是micro-reaction。

只要看过美剧《别对我说谎》的人，都应该很了解“微表情”这个词。当然，这个词并不是电视剧随意造出来的。在美国Paul Ekman教授的著作，如《情绪的解析》《说谎》中就已经得到了广泛的运用，从文中我们可以得知，微反应指的是时间非常短的或不充分的面部表情，它可以用来判断被测试人的真实情绪，也可以用来测谎。

这里，我们举个例子，如著名美剧《老友记》第二季第一集，Rachel意外得知Ross找到新女友后，表现失常，脱口问出一句：“Isn’t that just kick you in the crotch，spit on your neck fantastic？”（这难道不是很爽吗？爽到如同一脚踢在裆下，然后再往脖子上吐一口痰。）Ross的妹妹Monica听到这话有点窘，赶紧替Rachel解围道：“It is an expression.”（这是一种表达方式。）

可见，微反应并非单指面部表情，因为分析一个人的真实心理状态，除了面部表情之外，还应当观察、分析肢体动作、语言意义等的表现，才能全面判断。

或许有人会说，反应是受意识控制的，有真有假，不一定能判断心理状态。的确，这种怀疑是有道理的。研究表明，大部分人体的反应都是可以进行主观控制的，当然也有极少数例外（如瞳孔）。但是，人在受到刺激的时候所做出的反应却不太容易造假。

在刺激有效的情况下，被测试人的最初瞬间反应绝大多数都是不受思维控制的，所以真实可靠。当然，这些反应很快会被控制和修正，且动作幅度很小。不过，要想让被测试人表现出真实的心理状态，需要一个前提条件，即有效的刺激。刺激所带来的反应，这个完整的过程以及全部的内容可以提炼成一个词，叫作微反应。

解码微反应

微反应是个广义词，一是指耳熟能详的微表情，属于面孔微反应；二是指反应心理状态的身体“小动作”，属于身体微反应；三是指语言信息本身，包括使用的词汇、语法以及声音特征，属于语言微反应。在这里，微反应通常会让人直接联想到身体的动作反应。因此，微反应更适合作为一个狭义词来理解。

微反应是人类的本能吗

我们知道，当动物的领地被侵犯时，会愤怒地露出尖牙和利爪；受到威胁时，会停止行动，竖起耳朵，小心倾听；遇到同伴时，则会交颈而欢……而我们人类，作为生活在地球上的动物种类之一，是否有着与动物一样的生存本能反应呢？

事实证明，人的生存本能反应是与生俱来的。只不过，人类更具有特殊性罢了，我们虽然跑得不快，跳得不高，飞不起来也潜不下去，但是我们的头脑比其他动物发达，所以会学习，会创新，会使用高科技工具。当然，任何事物都具有两面性，因为头脑灵活，人类制造谎言和欺骗的方式也越发高明。

值得庆幸的是，人类在受到危及生存和繁衍的威胁时，还是会退回到动物的水平，在这个时候，人的动物性反应将取代人类理性的做作而获取控制权，通过种种微小的反应，将内心的情绪和想法展示出来。

当然，也许有人会怀疑，既然微反应是一种表现，那它有没有可能是故意表现出来的呢？让我们来看一个实验，或许从中我们能找出答案。

这个实验很简单，要求被测试人在1分钟的“对话”（实验人员单方面说话或做动作）过程中，完全保持静止不动，包括身体的动作和面部的细微动作。当然，类似眨眼这种无法避免的生理缓解动作是可以的。也就是说，在保证不伤害被测试人的前提下，无论实验人员做什么，被测试人只要能控制住不动，就算赢得实验，有奖金。

这个实验的结果是，通常在实验员做出轻蔑评价的时候，被测试人的眼睛、眉毛和嘴巴都会出现不同程度的轻微运动。如果实验员有身体接触的进攻行为（没有伤害的力度），被测试人除了身体受力改变位置和姿态外，脸上的表情也会有相应的变化，尤其是眉毛、眼睛和嘴巴。

由此可以证明，即使人很确定地要控制住自己不动，在受到有效刺激之后，仍然不可抑制地会出现本能反应。因为人的动物性，在受到刺激的时候做出的第一反应不太容易作假。人在情急之下，会产生很多趋利避害的本能反应，由于这些反应是长期进化所得，很难被理智的思维完全控制。可见，微反应的确是在受到刺激时做出的本能反应。

解码微反应

微反应是人类作为一种生物，经过长期进化而遗传、继承下来的本能反应，是无法刻意“装”出来的。从一个人表现出的微反应中，可以洞悉他内心的惊讶、恐惧、愤怒或喜悦等感受，它是了解一个人内心真实想法的主要线索。

为什么单向表达的微反应不准确

当你理解了微反应的概念之后，是不是意味着你有能力通过微反应去洞察他人的内心世界了呢？其实不然，微反应如果只是单向表达，那么，它就存在不准确性。

我们知道，微反应是人的本能，但如果一个人从头到尾都在自主向外表达信息，也就是说单向输出，那么，他所表达出来的所有信息，包括语言、肢体动作、表情等都不能作为依据进行微反应分析，这是为什么呢？

因为那些非常微小的细节，并没有受到外界的刺激，这就有可能是提前准备好的“表达方案”，这种最有说服力的案例就是电影。

比如，某电影中有一个长镜头，没有任何剪辑，实力派影帝或影后倾情出演。每一个细微的眼神跳动，每一次不经意的手指颤抖，每一个难以察觉的微笑和撇嘴，画面上一切的细节都感人肺腑，这能说明这个演员所表演的“微反应”都是他本人真实的经历和感受吗？当然不是。

可见，只要是单向表达，无论是演员还是生活中的任何人，都有可能事前做好了充分的准备，并试图达到目的。甚至一些特殊职业者还可能被要求发言前必须经受专业培训来吹毛求疵地力求完美。所以，单向表达并不准确，它有可能100%是在“演戏”。

所以，要分析反应，必须有一个前提条件，那就是要有刺激源，通过刺激才能观察对方的瞬间反应。越是突破对方心理准备的刺激源，越能够起到引发反应的作用，我们称之为有效刺激。因为这些刺激源并没有存在于对方的表演预案之中，所以他们会临时动用自己的认知系统进行评估和决策，这样一来，就会产生生理行为、情绪行为和社交行为，进而产生微反应。

虽然单向表达让人难以分析微反应，但并不意味着它没有任何意义。因为，世界上的绝大多数人，并不能把微反应控制得十分精准。比如，一举一动、一言一行想要刻意排练好、控制好是非常难以实现的。所以，即使不是不加干扰的单向表达，大多数人也不能完全控制住自己的微反应，很多微小的生理行为和情绪行为依旧存在。

这里，我们不提倡对单向表达进行分析，是为了保证研究出来的科学结论更加准确，保证每一个微反应的意义都能清晰地指向行为人真实的认知和感受。不过需要提醒的是，记住社交行为具有表演欺骗性就好，不要腹黑地认为所有的社交行为都是伪装。

解码微反应

单向表达的微反应虽然不准确，但依旧有一定的意义。比如单纯分析别人有意为之的行为，就可以获得非常重要的信息。一个人的发型、着装、语言、礼节等都明确地传达着信息，虽然这些信息并不等同于客观事实，但却能准确地反应行为人的意图，这有助于人们建立良好的社交关系。

了解微反应刺激源的几种形式

微反应一定是在受到刺激的时候才会出现的，虽然它可以在一定程度上人为地进行控制，比如单向表达的微反应就是如此，但是这些反应依旧存在破绽。因此，我们有必要了解微反应的刺激源，这样才更容易读懂一个人微反应背后的内心世界。

单向表达的微反应之所以并不能够准确地表达此人的心理状态，是因为我们无法确认单向表达中哪些是有控制的社交行为，哪些是不经意的真情流露，而理论上单向表达是可以达到100%被控制的。心理应激微反应只分析行为人在受到刺激之后的反应，也就是说必须要有刺激源才能产生微反应。

那么，哪些刺激源能够产生微反应呢？

1. 提问

提问题是最常见的刺激源形式，也就是要求行为人回答问题。一般提问题都用语言来表述，很少用文字。比如，在审查案件的时候，基本都是由言语表述的一问一答来完成的。这样，提问一方可以通过言语的音量、节奏、重音、重复、语气等附加因素，来改变刺激源的重点。

2. 视觉刺激

视觉刺激也是产生微反应的一个刺激源，视觉信息的刺激实验是十分常见的科学实验方法。比如，眼动仪就可以运用在一部分微表情的实验中。另外，在刑事侦查工作中，也会使用照片、幻灯片、书证、人证等视觉信息展示的方法，对嫌疑人实施刺激，引起嫌疑人的相关反应。

3．动作表演

测试人员通过做出某些动作，或者进行某些表演，也可以达到很好的刺激效果。为了制造较大力度的刺激，除了通过接触互动性的动作之外，还可以设计一些表演。例如，在有身份的人面前放浪形骸，在惊慌失措的人面前显露杀机，在洋洋得意的人面前佯装大惊失色，等等。这些行为会对不同的行为人造成强烈的刺激，并引发大量有效反应。

4．塑造情境

有的时候，为了实现比较复杂的目标，还会综合听觉、视觉、行为和表演等因素，设计一个情境让行为人置身其中而不自知，来引发他的各种反应。在刑事侦查和犯罪心理研究的过程中，也常常用到塑造情境的刺激方式。比如，设置侦查人员和相关证人，在案发的原始环境中，按照物证痕迹、逻辑推理、相关证言等信息，要求嫌疑人置身其中将案发过程重新模拟一遍，用以帮助嫌疑人回忆起更多细节信息，或者验证其之前的供述是否成立，等等。

以上这四种方式，不论使用哪种刺激方法，刺激源一旦生效，行为人就会做出相应的反应。接下来，我们需要做的工作就是筛查这些反应，根据行为人不同行为的特征，只要找到他们的情绪行为和生理行为，就可以对行为人的心理做出分析了。

解码微反应

当一个人面临刺激源的时候，如果呼吸开始减弱甚至停止，说明他的心理处于一种恐惧状态，承受着很大的压力，但不敢逃跑，不敢反抗，被动等待结果的到来，这说明刺激是有效的。也就是说，刺激源使人对其产生关心，关心则乱。因此，只要发现人对刺激源的关注点，就能够通过这个关注点，测试出人的情绪，并推导出其真正的心理状态。

微反应能起到怎样的作用

你与亲人相隔甚远，想知道他们是否安好吗？认识的新朋友，想知道对方是个怎样的人吗？人在职场，想知道你的上司对你的期望如何吗？想了解这些问题的真实答案，微反应或许能够帮助你。

前面我们了解了什么是微反应，从其能够挖掘当事人有意或无意隐藏的“真实想法”的这一点来看，我们很容易联想到测谎。确实，测谎是微反应的尖端应用之一。不过，用微反应测谎的要求比较严格，需要比较齐备的条件，才能得出真假的判断。

比如，刺激源如果不到位，被测试人控制得好，那么被测试人的微反应就无法判断。我们或许观察不到这些细微的变化，但测谎仪是能够做到的，测谎仪测试的指标是纯粹由人体自主神经系统控制的生理指标，完全不受被测试人的主观意志控制。所以，即便是你没有任何动作和表情，甚至连心跳和呼吸都尽量平静，也逃不过测谎仪的敏锐。

当然，微反应不仅能用来测谎，还可以用于所有人际交往的领域。我们知道，社交场合是一个非常复杂的场合，很多人在这种场合表面的言辞和心理的动机往往不一，表现出来的一举一动都是在心理经过数次加工的结果。所以，要想真正弄清对方的真实意图就要通过观察或寻找对方“失控”的微反应，因为只有那些微小的反应才是当事人认知和感受的真实体现。

可见，微反应能够帮助我们在社交场上得到更好的发挥。只要是人和人打交道，微反应都有其用武之地。比如，搭讪的陌生人有没有恶意和阴谋？男朋友支支吾吾的背后到底隐藏着什么情况？城府很深的老板究竟是什么态度？同事彬彬有礼的得体举止有哪些不对劲？喜怒不形于色的重要客户到底满不满意？谈判到关键时刻对方的微笑是什么意思……

所有这些场合，都需要我们有一双洞悉一切的慧眼，因为社会是复杂的，这就要求我们需要想得更多，于是表现出来的行为也就越错综复杂。虽然很多时候我们这么做并没有恶意，也不是故意想做坏人、说谎话，只是限于社会规则必须要表现得合规矩，迫不得已而为之。这些心理的诉求会深深地藏在我们的心里，从而让我们看起来更加“文明”。

人不是“神”，也不是输入规则就能做出最合理的决策和表现的机器。一个人不管受过多么高等的教育，本质上还是在神经系统指挥下的蛋白质生物，他所有的行为都牢牢地受制于生存与繁衍两大诉求。也正因为如此，那些更贴近动物核心的感受和诉求，会频频透过“壳”露出些许并很难控制，大多数人也根本没有意识要去控制。这些露出来的痕迹，就是一个人的微反应，我们就可以用此来分析和判断他的真实想法。

那些生理需求和情绪冲动引发的行为，更接近人类的动物本能逻辑，这种逻辑很简单——好的要，坏的不要。且这些生理需求和情绪冲动的动力足够强大，才让人类得以生存和繁衍。所以，微反应研究和分析的正是人类的生理行为和情绪行为，而不是那些能随随便便就看得到的言谈举止。

解码微反应

微反应是一种分析人内心活动的科学方法，它的运用越来越广泛，目前欧美一些国家已经将微反应运用于司法领域。比如将微反应引入刑事诉讼中，可以为公安司法人员判定证据的真伪提供新的手段，为发现案件事实真相、寻找相关证据提供方向指引，进而增强公安司法人员的内心确认，促进案件的侦破和案件事实的认定。

为什么人不能控制自己的行为

我们经常会做出一些让自己都觉得不可思议的行为，比如愤怒时破口大骂，高兴时手舞足蹈，受惊吓时身体僵硬、呼吸急促等。虽然我们想极力克制自己，但依旧无济于事。那么，为什么我们不能控制自己的行为呢？

微反应的单向性表达不准确，这一事实说明了刺激源的重要性。人之所以无法控制自己的行为，主要是因为我们的基础生理活动和情绪都受到大脑的控制。但这种控制不是绝对的，很多时候身体做出的反应都是无意识的或是不受大脑控制的。正因为如此，人不可能完全控制自己的行为。具体来说，有以下两个方面的表现：

一方面，我们的基础生理活动是无法控制的。它主要受自主神经系统的控制，完全不需要经过大脑皮层的思考和指挥就能自动持续进行，比如我们的呼吸、心跳、血液循环、内分泌、瞳孔的缩放等活动。这些都是直接由自主神经系统管理完成的。

不过，大脑皮层的认知和评估判断依旧能够影响到基础生理活动的状态。比如，当外界环境发生巨大的变化时，惊吓或是喜悦等刺激源信息被接收，会对自主神经系统产生影响，进而影响到基础生理活动。

例如，对于销售员来说，每个月的业绩是非常重要的刺激源，往往意味着最重要的利弊得失。当销售员看到自己业绩的时候，其大脑皮层套用了非常复杂的规则进行判断，可能包括数值判断、奖励、惩罚、老板的评价、同事的议论等等。这些结果会使业绩优秀的人表现出高兴，瞳孔放大、血压升高；而业绩不好的人则会悲伤，垂头丧气。

可见，虽然我们的基础生理活动可以不受大脑皮层的控制，但如果受到外界刺激源的影响，其理性评估和判断的结果可能严重影响其指标变化。

另一方面，我们的情绪行为受到大脑的控制，它的主管中枢是边缘叶，位置和功能都介于生理中枢和理智中枢之间。所以情绪行为一边要以皮层的判断为依据，一边又引发生理行为的变化，以及不易受大脑皮层约束的肌肉运动。

当情绪产生之后，除了我们的基础生理行为会受影响外，眼球的转动、肌肉紧张或松弛、面部表情、躯干姿态等行为也会随之发生变化。这些行为可能会受大脑皮层控制，但却无法完美地被掩饰，身体的微反应依旧会出现。

可以说，每一种情绪行为的背后，都具备着人类作为生物个体的一条最简单的决策逻辑，这种生理意义上的情绪反应和动物其实没有什么差别。比如，失败了就要接受现实，不要一味地沉浸在自责和痛苦中；成功了也不要过度的消耗能量，尽快平缓积极刺激带给神经系统的高度兴奋。正因为如此，我们才可以通过解读情绪反应，得知行为人的真实感受和认知。

解码微反应

在受到外界刺激源的刺激时，我们身体应对刺激的处理机制会回归到最本能的反应水平。这个时候，人的本能性反应会取代人的理性动作而获取控制权，也就是说通过身体各种微小的反应，将内心的情绪和想法展露出来，这就是我们无法控制自己行为的真正原因。

身体的微反应可控吗

有一句话叫“知人知面不知心”。的确，从表面很难看出一个人的内心，是因为人们善于通过外在掩饰把自己的内心伪装起来。那么，这种掩饰真的毫无破绽吗？人身体的各种反应真的能被自己完全控制住吗？

就像前面说的那样，单向表达的微反应有可能并不准确，因为我们可以通过艰苦的训练来控制自己的微反应，让自己的一举一动不被他人觉察，虽然这并不能避免露出破绽，但是我们可以通过两个方面去努力掩饰：一是尽量学会控制自己的身体，减少不必要的破绽；二是尽可能地了解这些破绽，减少被他人蒙骗的情况发生。

那么，如何控制自己的身体呢？它有两层含义：

一层含义是肌肉的运动控制能力，让动作可以保持精准而熟练。比如，舞蹈演员以及武术、体操等讲求精致动作的运动员，他们都具备比较好的肢体控制能力。但这种能力只限于运动时的本能反应。本质上说这种能力与微反应并没有任何关系。

另一层含义则是身体的应变能力，让神经系统“处变不惊”，也就是说在受了刺激后能镇定自若。比如，表演时不担心观众否定自己，不害怕丢了名声而影响到之后的演艺事业；体育比赛前，不害怕输掉后嘘声一片，不害怕数月辛苦与奖金、广告一并付之东流；谈判时，不担心判断失误或不够诚恳而损失惨重，等等。这些才是与微反应息息相关的。

不过，真正能做到“处变不惊”的人是非常少的，这也是为什么我们能够通过微反应来判断他人心理的原因。总结来说，以下三类人都具备“处变不惊”的能力：

首先是最高者，这样的人能够超脱得失。有着得到不喜，失去不惜的心态。这样的人在平常的生活中很少因为受到周围环境的影响而出现任何波动，能达到这种境界的人基本接近“神”了。

其次是中间者，这样的人仅次于最高者，他们经历丰富，积淀深厚，对社会和人生有较深刻的认识，有比较靠谱的自信心。能做到这一点的，也已经超过普通人了。

最后是最低者，也就是学会自我催眠，强迫自己相信本不是事实的情况。能够做到这一点，其实也是非常难的，或许只有精神上患有疾病的部分人士，才可以做到。

以上这三类人所表现出来的微反应是很难进行分析的，所以，在观察他们内心的真实意图时非常困难。一般来说，厉害的政客属于第二种，高超的演员属于第三种，第一种则基本见不到。

但是，无论是哪一种人，都不可能完全控制住自己的微反应。先不说自主神经系统所控制的瞳孔缩放、心跳、血液循环、汗液分泌等生理指标根本无法被主观意志控制，就算是动用骨骼肌来完成的情绪反应动作，也几乎不可能被控制住。因为控制住这种真实的反应是一个很复杂也很苛刻的过程，人基本是难以控制和做到的。

总之，实现微反应的好的自我控制，是需要下功夫的，不但要克服重重困难，还要承受运气不够好而带来的失败。成本和风险都比较大，我们应该谨慎从事。

解码微反应

即便你是一个隐藏自我的高手，也逃不出求生的本能规则。只要找到有效的刺激，作为人类的你，就一定会出现破绽，藏无可藏。破绽的存在，正是观察微反应洞察内心的基石。事实已经证明，人是难以真正控制微反应的。

为什么表演无法掩饰微反应

既然微反应和微表情都能反映人的心理状态，这是不是意味着只要掌握了这些微反应技巧，你就成了说谎和破谎的高手了呢？答案自然是不可能的，因为微反应是无法真正被掩饰的。

前面我们说过，如果没有刺激源的干扰，单向性的微反应是很难识别的。如果真要用表演来对抗行为分析，就必须对刺激源了如指掌，并知道每个刺激源最合理的表现应该是什么，然后通过排练和记忆把呼吸、眼球的转动、肌肉的舒张以及表情、言语都掌握流畅后才有可能实现。

就拿剧本来说，它的存在很大一方面就是为了告诉演员在接下来的表演中会遇到哪些刺激源，应该怎么表演最合理，所以优秀的演员可以演得惟妙惟肖。他们之所以演得逼真，是因为所有的表情动作和声音，都是在恰当的情绪支配下自然流露，而这些情绪，是演员根据剧本提前在头脑中用虚拟情境渲染出来的。从这个角度来讲，他们不是理性地在控制自己的动作和表情，只是单向性地做出反应而已。

这也是为什么有很多优秀的演员，一旦没有了剧本，加上心理再受到一些与自身利弊相关的因素的干扰，表演便会受到影响，效果不尽如人意的原因。下面我们来做一个实验，看演技能否克制住微反应。

实验内容是这样的：被测试者在轻松的环境下，进行三次重复表演，目的就是通过理性控制使三次表演完全一致。在实验过程中，依次向被测试者展示三张图片，并在看到图片之后，设定一套表演预案，把“这位姑娘很漂亮”表达出来，被测试者的表演可以很随意，无论是夸张，还是内敛，只要做到三次表演一样，就可以证明微反应的理论可以被表演克制。

在整个实验的过程中，前两张图片是美少女图像，第三张图片的内容转变比较大，一般是丑陋的动物、令人恶心的面孔、使人感到疼痛的画面等，这样做的目的就是加大刺激源。

实验结果显示，在87个被测试者中没有一个人能够做到3次表演完全一致，虽然只是表达如此简单的一句话。即使控制力特别好的人，也会在第三张图片出现之后，出现明显的反应延迟、注视时间加长、表情肌肉变得僵硬少动、呼吸控制加强等微反应。

可见，再出色的表演也不可能完全掩饰微反应。我们可以通过对刺激源的掌控，比如多角度、多节奏地实施刺激源来破坏行为人的表演空间和反应时间。同样，也可以通过层层叠叠的刺激源设置，来获取行为人的真实的情绪行为特征，以及社交行为特征。在这样的前提下，行为人的微反应便无处可遁。所以，再好的演技也是无法对抗微反应的。

解码微反应

演员的各种表情是由于特定情绪而产生的，好的表演者会通过调动自身的情绪去完成表演。但这个度很难把握，比如演亲人去世，有些演员在酝酿情绪的时候可能回忆的却是分手的情景。虽然都是诠释悲伤，但亲人去世和分手的悲伤程度却是不一样的，因此表演起来的效果也会有所差异。所以，在条件充足的情况下，即便是演技再逼真的演员，也是可以通过微反应来识破其表演内涵的。

心理小测试：透过伸手的姿势读懂你的性格

有时候，简单的一个伸手动作就能看透一个人的内心。作为微反应心理学范畴中的一部分，身体所表现出来的任何细微动作都是内心真实想法的写照。下面就来测试一下，看看伸手动作透露出一个人怎样的性格？

测试内容

肢体动作能反映出一个人的心理或性格，如果有人叫你伸手，你会做出下面哪个动作？

A. 掌心向下，五指分开　　B. 掌心向下，五指合拢

C. 掌心向上，五指分开　　D. 掌心向上，五指合拢

测试结果

选择A：说明你喜欢简单，不喜欢麻烦和累的感觉；健忘不记仇，只要没有触碰你的底线，一切都是过眼云烟；有斗志爱拼搏，刻苦努力，计划性强，但又很固执，明知是错也要往前走，撞了南墙就把墙拆了继续走；爱笑，一点小事就笑逐颜开，什么都写在脸上；爱憎分明，不给自己不喜欢的人丝毫机会，对自己喜欢的人超级纵容。

选择B：说明你很会替他人着想，常试图改变自己去迎合对方；外表亲切热情，内心追求安逸的环境，胆小并害怕失败，却总表现出强悍的一面；直觉敏锐，任何花招都逃不过你的双眼；很有忍耐力，什么事都放在心里自己承

受；不爱争抢，认为属于自己的是不需争抢的。

选择C：你是一个让人捉摸不透的人，隐藏悲伤，却希望得到别人的安慰和爱；害怕被忽略，对人关心也不表露出来，内心藏着无数秘密，只和最亲密的人分享；在陌生人面前表现得很文静，遇见开心的事会说个不停，不开心时则会躲起来哭。

选择D：你是个吃软不吃硬的人，经常口是心非，感性且缺少安全感；对朋友的求助常有求必应，所以容易被骗；对陌生人冰冷，熟悉后就嘻嘻哈哈；冷静，即使内心起伏再大也十分理智冷静，喜欢故作坚强，其实内心软弱；多愁善感，总为小事纠结；喜欢钱但不在乎，讨厌干没有意义的事。

第二章
解读常见的微反应，快速辨识他人的真实意图

人在受到有效刺激后，大脑会根据对刺激源的认知和评估，产生应对策略，也就是做出不同的微反应。一旦了解这些微反应，就能对他人的情绪和心理做出准确的判断，进而采取有效的应对措施，从而掌握社交场合的主动权。

安慰反应：不怕，我能行

研究发现，当一个人感到压力巨大的时候，可能会出现轻摸额头、脸颊、下巴、揉鼻子以及把玩头发等行为。那么，缘何我们会有这样的表现呢？其实，这些动作是人在受到外界刺激时表现出的安慰反应，它能起到一定的安慰效果，并缓解压力。

人在受到批评、压力、否定等负面刺激的时候，经常会无意识地表现出一些寻求安慰的身体微反应，以减轻内心的不适症状。比如，压力大的时候轻轻按摩颈部、摸摸自己的脸、玩弄头发、舔舔嘴唇或者调整呼吸方式等，都属于安慰行为。这些细微的反应都暴露出一个人紧张、焦虑、恐惧的负面心理情绪。

安慰反应具有两个必要特征：一是动作和语言表达无关，没有辅助表意功能；二是动作能够让行为人自己感到舒适。比如，在发言的过程中，手、脚和身体姿态，能够辅助表达行为人的语义、心态和立场，这些动作属于社交行为，是语言的辅助工具，不具备线索意义。

但是，当语言和动作之间没有关联的情况下，这些动作就值得注意了。如果这些动作对于行为人的意义，相对于他们所处的情绪而言是舒适的，那么就可以定义为安慰反应。

比如，尴尬的时候，很多人会摸头发、摸脸、搓手、揉鼻子、舔嘴唇。这些行为并不是有意识去做的，而且一般人也很难避免。有的时候，安慰反应看起来是在整理自己的外表，如捋捋头发、弹弹衣服上的灰尘或者调整一下自己的领带。这些微反应可以帮助人们降低不适的感觉，舒缓紧张的神经。

在各种安慰反应之中，与颈部相关的安慰动作是最常见的。人在有压力的时候，经常会把领口打开，甚至抖动几下领口，好像是透气的样子。这种动作能够使当事人主观感受到安慰行为所带来的舒缓。这种舒缓既来自血液循环的改变，也来自皮肤表面空气的流动而带来的微妙体验。

与颈部相同，脸部和手部作为神经末梢非常密集的器官，也可以在按摩的时候起到很好的舒缓和解压作用。因此，集中在脸部和手部的安慰反应也很常见。

此外，一些声音也可以缓解压力。比如吹口哨，这个动作是结合了呼吸的控制、声音的刺激以及转移大脑注意力的多种方法，来达到缓解紧张的目的。通过这些方式，可以使得紧张状态下的大脑供血与注意力偏执得到很好的恢复。

安慰行为也有动作幅度较大的种类。比如自我拥抱，即用双手将自己的身体抱紧，产生被他人拥抱的感觉，也是典型的自我安慰行为，就好比任何人对其婴儿时期在母亲的怀里温暖而安全的感觉都会印象非常深刻。可见，这些安慰行为是为了快速释放压力。

解码微反应

音乐是一种神奇的存在，它能够改变人的精神状态，让人兴奋、愉悦。人在感到紧张或者不适的时候，就会自动调用存储在自己大脑中的音乐旋律来自我调整，比如哼歌、吟唱或吹口哨等，这样就可以达到缓解神经的状态，从而改善不好的心情，这种反应就是安慰反应中的听觉安慰。

冻结反应：注意，千万别动

试想，当你突然受到外在威胁的时候，或是危险突然来临的时候，比如走在路上听到一声巨响，你的第一反应是什么？答案大都是先保持瞬间的静止，然后立即采取行动规避危险。为什么我们会有这样的反应呢？这些反应能起到什么样的作用呢？

人在受到意外刺激时，第一反应就是减少身体动作，保持瞬间的静止，以便看清突发状况和判断对策，这就是我们常说的冻结反应。这种反应是我们与生俱来的。远古时期的人类面临着很多猎食者的威胁，最终生存下来就是因为大脑的边缘系统，边缘系统使用的第一种防御战略就是冻结反应。

其实，很多动物也是如此，尤其是大多数食肉动物对移动非常敏感。比如在捕食的过程中，移动时最容易引起注意，一旦感受到威胁，猎物就会立刻保持静止状态，然后在明了情况后，迅速采取行动（逃跑或准备应战），这是边缘系统提供的最有效的救命方法。从这个角度来讲，这种应对危险的冻结反应对我们是非常有利的。

那么，怎样的反应才是冻结反应呢？具体来说，应包括动作频率降低和幅度减小这两个特征，也就是变少和收缩。冻结反应体现在肢体语言上，首先发生作用的就是手的约束。大家都有这样的感觉，当第一次站在一个大舞台上时，面对着台下数百名观众的注视，一定会觉得浑身不自在。这个时候，连自已的手都不知道放在哪儿，其实这都是心理紧张的缘故。

还有几种比较难以发现的动作，看起来很酷，但其实也属于手部的约束性动作，比如将双手插入裤兜，还有新手主持人用一只手拿住麦克风，另外一只手插入裤兜的表现。

肢体语言所反映的冻结反应还体现在脚上。当女人感到恐惧时，立刻会把脚调整到即将要逃跑的状态中。此时，人的腿部为了准备逃跑而会大量充血，身体其他部分则供血不足，会产生手心发颤的后果。

除了手脚的反应，冻结反应还体现在表情上。在冻结反应中，如果负面刺激压力过大，面部肌肉就会僵化，导致表情僵硬。在这个过程中，即使是最灵活的眼睛也会表现得滞涩。所以，如果你发现一个人表情僵硬、精神呆滞，总是盯着一个地方，那么他很可能是因为恐惧产生了冻结反应。

可见，冻结反应是很容易被人发现的。如今，冻结反应已经被人们巧妙地应用在了日常生活中。我们可以随时通过观察他人的冻结反应，来探知对方的心理。

比如，一家人坐在客厅的沙发上看电视，天色已经很晚了，突然有人按响了门铃（平时这个时间几乎是没有人按门铃的）。就在那一刻，所有人的手都“在瞬间冻结”，简直太神奇了。最后发现，按响门铃的是家庭成员，因为忘记带钥匙了。可见，人在感觉到危险时，会做出瞬间的停止动作，这就是冻结反应的一个真实例子。

此外，冻结反应还经常被我们自己运用在日常生活中。比如，在面试的时候，我们常常会屏住呼吸或只做浅呼吸。这是一种非常古老的应对威胁的方式，可能我们注意不到，但是面试官是很容易发觉的。所以，我们应该在面试的时候尽量放松。

总之，冻结反应是行为人对刺激源可能带来的危害的正确评估，从而做出肢体少动或不动的最佳生存策略。它可以帮助我们分析谎言，并顺藤摸瓜，探知他人的心理。

解码微反应

“大气都不敢喘”，是经典的冻结反应之一。其原因在于受到惊吓时，人的本能反应是快速吸一口气，留着备用。但感受到恐惧的时候，尤其是迫于客观条件不能逃跑、不能反抗的时候，则会出现屏住呼吸或者减弱呼吸的冻结反应。

爱恨反应：爱则亲，恨则逃

男女朋友之间，如何知道对方是否真的爱你？或是心底对你充满恨意？商务洽谈时，对方对你是喜欢还是厌恶？其实，这些问题都可以通过爱恨反应来获得答案。

我们知道，生物最大的需求就是生存和繁衍，从某种意义上来说，人类也是如此。人与人之间的爱情，说到底也是对繁衍的需求。不过，这种需求与动物性的需求又有所不同，因为有爱就会生恨，人类的感情要比单纯的繁衍复杂得多。

对于人与人之间的感情，我们可以通过彼此身体间的距离看出心理距离。比如，从热恋中的情人亲密无间到厌烦对方，身体距离的远近可以透露他们内心爱憎的倾向。也就是说，喜欢就靠近，不喜欢就远离；感兴趣就靠近，害怕就躲开，这就是我们通常说的爱恨反应。

爱恨反应其实不仅仅表现在感情方面，还广泛地运用于商务服务和合作洽谈中。可以说爱恨反应是非常重要的信息，它可以帮助我们了解对方的心理。爱恨反应又可分为亲近反应和逃离反应。

1. 亲近反应

亲近反应是相爱的人相互表达的主要方式，他们希望通过这种亲近的行为表达更多信息，达到更好的身体互动。比如，情窦初开的少男少女，第一次拉手会非常激动和兴奋，进而腿和脚的接触使亲密更进一步。当然，这是亲密关系发展到了一定的程度，如果有一方厌恶另一方，则不可能出现如此亲近的距离。

那么，如何把握好亲近的程度呢？首先，我们要知道，亲近反应可以分成试探性的小幅度与低频率和获取性的大幅度与高频率。在不明情况的时候，最好是通过尝试性的动作进行干预，比如侧耳倾听，然后再对结果有确定性判断后采取行动，比如表达热情欢迎的拥抱。

2. 逃离反应

在弱肉强食的远古时代，我们祖先的生存法则是，打得赢就打，打不赢就跑。因为保命是最佳的生存法则。后来进入文明社会，人们才开始建立新的相处原则，“近君子，远小人”让自己获得安全。可见，逃离反应是人类进化出来的优秀本领，对生活有巨大的帮助。

那么，逃离反应会有哪些表现呢？首先面孔会远离刺激源。面孔上聚集了很多感觉器官，包括眼睛、耳朵、鼻子、嘴巴和大部分毛发，而且面孔之后就是神经中枢所在，所以当受到负面刺激之后，它们会主动远离刺激源。

负面刺激源的力度越大，远离的距离就越大，二者成正比。因为是应对负面刺激源的反应，所以会在远离动作同时呈现紧张状态，包括不松弛的面孔、视线、呼吸，以及身体不会松弛，四肢很有可能保持紧张状态或阻隔状态。

逃离之后，视线会呈现稳定的状态，但方向不一定。如果向上，是消极逃避策略；如果向下，是隐忍逃避策略，有进攻的可能性；如果是对视，是顶撞对抗。出现这些逃离反应，就可以借此判断行为人轻蔑、反感、排斥、惶恐、害怕等心理。

解码微反应

了解亲近反应中的4种距离与对应关系

◇亲密距离

这个距离一般在0～0.44米，是非常紧密的关系体现，常见于爱人、父母、亲子之间的空间距离。

◇私人距离

这个距离一般在0.44～1.22米，常见于朋友、熟人和亲戚之间的空间距离。

◇社交距离

这个距离一般在1.2～3.7米，是正规社会活动时广泛采用的距离。

◇公众距离

这个距离一般在3.7米以外，常见于彼此不熟悉的人之间的空间距离。

仰视反应：傲慢与谦卑

通常，站在比自己高大的人面前，我们都会有一种压力感；在上司面前，我们会显得比较拘束。那么，为什么会有这样的反应呢？这就是仰视反应带来的一种心态。

在人的意识中，比自己大的东西，是需要仰视和敬畏的，这是人类经过长期进化积累的本能。同时，人在处于优势的时候，会本能地抬高自己的身体来显示这种优势；在处于劣势的时候，则会把自己的身体下意识地放低。可见，仰视反应就是对自己能力高低、地位差异、胜败预测、优劣定位进行的判断。

因此，观察一个人的体态高低，可以判断其内心的强弱。一个比对手强大的人，往往容易心生轻视。虽然也存在以弱胜强的例子，但这只是小部分，并不能改变人们对于高大、强势的仰视心理。那么，仰视心理会有哪些反应呢？

1. 傲慢、轻蔑

优越感会让人产生傲慢的心态，比如当一个人比别人高大或是更优秀时，当事人会持有一种优越感，认为自己的条件要比对方好很多，双方是不能相提并论的。在他看来，完全没有必要与对方进行交流，其态度中往往会包含不屑与蔑视。

一般的傲慢反应是头向后仰，下巴抬高，上眼睑自然耷拉下来遮住一半眼球，这是伴随着傲慢情绪而产生出来的动作。生活中，这类轻微的傲慢是最常见的。

傲慢反应中，下巴是一个比较特殊的部位，具有指向功能，并且其指向始终透露出一丝轻蔑和自以为是的高傲。经典的姿势有：头向后仰，下巴略微抬高，眼睛下视，一副居高临下的态势。这种动作通常适用于很熟的朋友间，或短时间内没有利害关系的点头之交，以及初识的但尚未建立起任何利害关系的人。它使当事人无须费太多力气便能感觉到良好的掌控程度。程度稍微加深的是再加上一些摇头晃脑、半露犬齿的轻蔑表情。

此外，还有一种程度更深、轻蔑意义更浓的傲慢反应，即仰头、抬起下巴，但身体并不正面朝向对方。这种姿态往往会与挑衅的表情相结合，更强调了轻蔑的程度，对他人造成的刺激更大。

2. 满足、优越

除了傲慢，在没有明显敌对关系的情境下，行为人还会因为受到积极刺激而产生满足感和优越感，或者纯粹收获了生理收益，比如听到好听的声音、呼吸到新鲜的空气等，就会不自觉地出现抬头反应，表现出一种满足和优越的感觉。

满足和优越感还体现在我们对自己感觉良好，比如在评价自己的时候更倾向于往好的方面想。即便是作恶多端的坏人，也会通过找到自身某些优点来保持心理健康。因此，自我认同是一个人能够存活的基础条件，如果一个人真的从内心否定自己，说明他心中绝望，接下来可能会发生可怕的事情。

满足和优越是以自我评价为基线的，也就是说如果来自外界的评价等于或者高于这条基线，就会直接引起一个人满足或骄傲的情绪，而这种情绪的表现，就是尽量让自己看上去高大一些，从而出现抬头、挺胸、上扬眉毛的仰视反应。

解码微反应

解码负仰视反应

在社会交际中，做错事后的道歉一般表现为鞠躬，人们用这种弯腰低头的方式希望取得对方的原谅。这种躯干的弯曲和面部向下的姿态就是弱势心态的表现，说明了当事人的内疚、难过和请求原谅的诚意，是一种负仰视反应。

领地反应：我的地盘我做主

在人类世界里，领地意味着权威和掌控感，人会表现得放松和自信；一旦受到挑战或侵犯，则会引起强烈的警觉、愤怒和反击。因此，刻意冒犯掌控者的领地，会激起对方的愤怒，使其泄露更多的内心秘密。

每一个人都有其擅长的领域，而且会有自负的一面，即使他平时表现得很谦虚。比如现今足坛最火的球星梅西，假如是罗纳尔多跟他说："你踢球很厉害，比我当年还厉害。"梅西可能会谦虚地表示："哪里哪里，您是我前辈，我得向您学习。"但如果是一个亚洲球员跟梅西说这番话，梅西很可能会很不屑地回一句："一边凉快去！"

这就是领地反应最好的一个例子，即在自己擅长的领域之内，如果对方处于领域的低水平或者非同道中人跟自己交流领域内容，往往会以高傲或不屑的态度，捍卫自己领域内的权威。一旦领地被侵犯，就会立即进入战斗状态。主要表现为以下4种行为特征：

1．扩张

敢于扩张和舒展肢体，尤其是双臂和双腿间的夹角扩大，就意味着行为人敢于用胸、腹等最脆弱的躯体部位，迎接即将到来的压力和刺激，甚至是相信在展开的区域内，不会存在负面刺激。这是一种非常强势的心态，是有自信和掌控感的表现。

所以，当你对面的人把双臂张开的时候，或者坐着的时候把双腿张开的角度变大的时候，都表明对方有着强势的心态。

2. 松弛

手和脚的动作建立领地范围，其实是源于心理上出现的防御意识或进攻意识，是感受到威胁或者需要展现权威的时候所采取的措施。但是通过制度既定领地范围的人，是不需要使用这些扩张性的动作来向他人展示领地范围的。因为在自己的领地中，行为人会拥有较强的统御感，认为领地内不存在阻力或敌意。

所以，肢体姿态和行为都较为松弛，不会出现安慰反应等无意义小动作，也不会像冻结反应那样拘谨行事。比较典型的松弛状态，是眼神不呈现犀利和集中，躯干或倚或靠寻找支撑，跷二郎腿或舒展腿，行动自在。

3. 挥洒

领地反应的第三个特征是动作幅度大、频率却不高，呈现出轻松下达命令的挥洒状态。不论是下巴指向，还是点头和摇头，或者是挥动手臂和手掌，又或者是站姿和坐姿的转换，都会呈现出上述特征。

4. 自卫

人类的防御意识，与野生动物对领地的防御意识完全一样。只要领地受到挑衅和攻击，人类必定给予有力的反击。当自尊受到质疑或攻击的时候，引发的反应也必然很大，最容易出现的情绪就是愤怒，甚至会引发攻击倾向。

解码微反应

动物一般用气味来圈定自己的领地，人则采用两种方式，一是制度，二是身体。制度的方式大多涉及政治体系、管理规章和权利约定，这属于管理学范畴；身体则主要是通过手和脚来确立自己的领地。在自己的领地里，要在积极的掌控状态中，通过语言、动作甚至是眼神表现出果断，并切切实实地做好领导工作，这样才能让人诚服。

战斗反应：做好进攻与防守准备

在现代文明社会中，虽然通过直接战斗解决问题的暴力方式越来越少，但其表现形式却越来越多样化。比如身体对抗的体育比赛以及非身体对抗的争论等。那么这些人与人之间的战斗方式会产生哪些身体反应，包括哪些阶段和内容呢？

在自然界，动物为了生存抢夺资源，难免要进行战斗，最终活下来的都是强者，如此代代积累，战斗意识便会深深融入身体的血液和每一条神经中。只要危险出现，就会唤醒隐藏在体内的战斗意识，战斗反应在动物身上得到了最好的体现。

在人类发展的历史中，也充斥着各种战斗，从街角斗殴到绅士决斗，从打群架到大规模战争，动机越来越复杂，战术也不断地改进，唯一不变的就是战斗反应，比如热血沸腾、呼吸加剧、理智消退等，这些愤怒情绪依旧留在了人类的大脑里。

当人遇到威胁后，如果冻结反应和逃离反应都无法摆脱威胁，那就只能进行战斗。战斗前愤怒情绪一旦被唤醒，全身上下都会协调统一，进入明显的战斗状态。这样的战斗反应极难作假且易于识别。一旦出现，即要引起警觉，因为这意味着凶险。一般来说，战斗反应分为以下3个阶段：

1. 战斗准备

战斗准备的反应特征，是行为人在使用不明显的方式暗中发力，只是发力的对象不是外界目标，而是“自己对自己使劲”。比如，握拳、抓握手臂、两手指大力对顶、咬牙切齿、拉拽自己的衣饰、脚踩碾压或者用力捏自己手里的物品等。

2. 战斗发力

战斗发力的反应特征，是嫌疑人在使用明的或暗的发力方式，将不起眼的力量发挥到外界对象上，但往往不会直接指向刺激源。比如，手指的戳点动作、敲桌子、拍桌子、甩书本、摔手机、摔门等，这些动作虽然比较隐晦、不起眼，但是仍然能够表达行为人的抗争和求胜欲望，是一种强势的心态表达方式。

3. 防御保护

如果说进攻迹象是积极的战斗状态，说明行为人对自己比较自信，或者是想放手一搏，代表行为人的强势心态，希望取胜。那么，当遇到负面刺激的时候，行为人则会做出防御反应，让自己尽量减少受到的伤害。这与安慰反应不同的是，防御反应并不能让你舒适，目的只是为了抵御负面刺激。

战斗的这3个阶段，是我们面对刺激源时做出的必然反应。需要注意的是，在现代社会，放纵边缘系统产生的战斗反应多数情况下被认为是不合法的，除了在进行正当防卫的行为外，其他伤害他人的战斗行为都会被法律所禁止。因此，随着社会的不断进步，边缘系统所产生的战斗反应也发生了很多变化。

虽然直接的战斗受到现代社会规则的制约，但战斗也可以有很多种体现的方式。比如体育比赛，很多体育赛事能够吸引亿万观众，就是因为比赛会有输赢，在争夺输赢的过程中所使用的一切手段都是战斗的变种。这种身体的对抗性战斗能够激起人们心中的战斗欲望。

解码微反应

争论也是一种战斗方式，比如文明的辩论、反驳，以及低级的侮辱、诽谤、挖苦等，这都是人与人之间的战斗方式。即使没有身体接触，战斗反应也会让人类的姿势、眼神、内分泌以及血液等生理状态产生变化。这些反应会将血液集中到边缘系统以及其统治的肌体器官中，从而降低大脑皮质中的理智分析能力，从而出现冲动行为。

总之，一个人出现战斗反应的进攻状态，就说明对方内心正在进行对抗，取胜欲望强烈，属于强势心态。相反，如果一个人出现防守姿态，说明对方内心承受进攻并试图自我保护，属于弱势心态。

胜败反应：输赢并非常事

有句古话叫“胜败乃兵家常事”，是告诉我们赢了别骄傲，输了别气馁，我们常常用此话来自勉。但既然是战斗就一定会有输赢，输赢的结果会造成双方不同的反应，所以说，胜败能够透露一个人的心理状态。

胜败反应是一种对外界刺激瞬间发生的反应，属于人类心理应激性范畴。通常胜利者会表现出高举双臂，大声欢呼甚至长啸，高傲地挺起胸膛，环顾四周，炫耀等行为。之后，会吃好喝好以示庆祝，并放松自己，享受生活。

失败者（这里指内心接受失败的结果，有志气或者不服气的不算）则完全相反，他们一般是“灰溜溜”的状态。失败反应主要表现在精神注意力和身体支撑力的双重无力感。精神上无精打采，不关心新的事物，身体上则呈现出自然散落状，头、躯干、四肢都会在重力的作用下向下垂，头不会昂起，双手不会高举，站立也不笔直，等等。

胜败反应的这种应激性是一种动态反应，它发生在一瞬间，产生的最终结果是使我们能够适应环境，人的反射行为（胜败反应）就是应激性的一种高级形式，是由“地心引力原则”所影响的应激性表现。

根据“地心引力原则”，当一个人胜券在握、情绪兴奋的时候，他的表情以及身体动作都会下意识地呈现上扬的趋势，身体重心也随之上升，这种行为是“反地心引力”的；相反，当一个人心情低落、沮丧无助的时候，身体呈现下垂的动作，人的重心也被地心引力所牵引，表现出畏缩之态。

通常，在战斗前身体会储备大量的能量，以便用于脑力或者体力的较量。而在战斗结束之后，则需要将多余的能量释放出来，同时舒缓紧张的神经，使身体恢复到平常的状态。我们经常能看到，战争或者比赛的胜利者会习惯性地做出一些动作，比如高举双手、高声喊叫，这一切都是为了获取更多的关注。当然，如果战斗的过程非常艰难，消耗掉了全部能量，甚至是败了，就不会有过于激烈的动作，而只有一些细微的表情。

可见，观察人的胜败反应，可以分析出每个人的不同心态，在具体的情境下对他人的情绪和心理做出准确的判断，还可以用此来预测对手下一步的策略和事情未来的走向，采取最有效的应对措施。此外，调整好胜败反应还有助于改善自我的心理状态。

解码微反应

胜利时常见的反应和表现有：

◇眉毛动作多，笑容抑制不住，也就是常说的眉飞色舞。

◇眼睛灵动多变，透露出得意的炫耀。

◇头部向各个方向晃动。

◇双肩快速抖动，或是摇晃躯干。

◇手指动作多且没有目的。

呼吸反应：关键时刻屏住呼吸

呼吸是人体正常的一种生理功能，当一个人受到刺激时，呼吸就会出现异常反应，比如奔跑时呼吸会变得急促，被训话时会屏住呼吸等。由此可见，通过洞悉一个人呼吸的变化或异常，可以在一定程度上探知对方的心理状态。

人在不同的情绪状态下呼吸会有不同的变化。比如，惊讶时会先小幅度地快速吸入一口气，然后暂停呼吸；轻度厌恶时会出现小幅度快速呼气，在控制下难以被觉察；深度厌恶时会屏住呼吸尽快远离，然后恢复呼吸；在可控的愤怒时会采用鼻孔向外深长呼气；有控制的轻微恐惧时，则会出现悄悄地深长呼吸，单位时间内进气和出气量都很小，这就是所谓的“大气都不敢出”。

另外，通过观察呼吸的幅度与频率，还可以判断对方神经系统和身体状态的兴奋程度是增加还是降低。比如，呼吸的幅度或频率增加，说明行为人兴奋度增加，反之兴奋度降低。如果行为人在控制呼吸的速度并减少单位时间呼出和吸入的量，则说明行为人进入小心翼翼的对抗状态。

我们知道，氧气是维持生命的必要物质，进行呼吸的作用就是为人体吸入氧气，呼出二氧化碳等代谢产物，保证体内能量源源不断的供给。生理活动越多、越兴奋，客观上就需要更多的氧气。增大氧气吸入量的方式，既可以是单次深吸气，又可以是加快吸气的频率，也可以出现二者同时出现的反应。

因为呼气的幅度增加，会快速排出体内的二氧化碳，呼吸中枢感受到血液中二氧化碳的变化后，会引发吸气增加。此时如果行为人同步增加吸气，就是我们前述的呼吸加剧，常见于非常兴奋的情绪状态，最经典的表现是愤怒的时候会快速用鼻孔大幅度呼气，进攻的发力动作，往往配合着快速地大幅度呼气。此时如果行为人不再同步增加吸气，而且采取的是缓慢的大幅度呼气，则是放松或无奈的表现。

生理活动减少、进入低迷状态，客观上就会降低体内对氧气的消耗，所以呼吸中枢会自动降低呼吸的频率和幅度。在比较克制的行为中，深长呼吸更加常见，从外表来看，行为人似乎没有任何动作和表情变化，可能言语的音量及频率都不会有明显变化，但小心翼翼的深长呼吸却可以表露其有控制的对抗心态。

所以，当我们看到行为人呼吸增强，就可以判断出行为人尽管表面平静，但内心和身体正在兴奋起来，平静只是刻意控制的结果；当看到行为人呼吸变得慢长，就可以判断行为人内心产生了恐惧，等等。由此可见，观察呼吸反应，能很好地了解对方的心理。

解码微反应

为什么呼吸会凝结

呼吸凝结是指呼吸变得极其轻微，其本质是为了隐藏。比如为了不引起猎手的注意，在被捕的过程中，弱势的一方不能战斗则只有逃跑，如果跑得也不快，那就只能隐藏了。而藏的时候如果呼吸不减弱或凝结，就会暴露。正是由于人类这种长期进化的本能，使得我们在遇到负面刺激时，呼吸便不由自主地凝结了。

心理小测试：通过操作手机的动作看懂一个人的心理

如今，手机已经成为人们必备的通信工具，玩手机几乎是每个人必做的事情。如果你仔细观察一下，便不难发现，每一个人拿手机的动作都会不一样。其实，从拿手机这个细微的动作就能看出一个人的性格。学习了微反应之后，你是不是很想通过观察别人的一举一动来了解对方是怎样的一个人呢？来看看下面这个测试吧！

测试内容

你是怎样操作手机的？

A. 单手拿手机，同一只手的大拇指进行操控。

B. 一只手拿手机，另一只手的拇指进行操控。

C. 两手扶持，大拇指交替操控。

D. 一手扶持，另一手的食指进行操控。

测试结果

选择A：你气场强大，无比性感，记忆力超强；事业心强，尽职尽责，充满理想，灵活机警。你很懂得拿捏分寸，而且爱憎分明，不是必须出手时，你也不会带着刺，你只希望有人可以让你依赖，让你不用继续戴着面具。

选择B：你是一个敏感的人，想象力强，乐于助人，富有同情心；不拘小节，但有点急躁；求知欲强，爱冒险，风趣幽默，甚至爱自黑；渴望被保护，渴望被真诚对待，喜欢被认可和被接受的感觉；有时候你就是人太好，强硬不起来，常常被人利用。

选择C：你慷慨大方，比较引人注目。不过，有时你自尊心显得稍强，较重权势；工作上你干劲十足，充满理想，但内心脆弱，其实很想这么做但是又害怕受伤害，期望高但怕失落，需要温暖的鼓励。

选择D：你创造力强，机智过人，思路敏捷。你爱好美与艺术，善解人意，有时顾虑太多，充满感性。你有特殊魅力，很容易引人注目，内心崇尚和谐关系，但又擅于操纵，能够胜任领导岗位。很多时候你会选择沉默，但那是你的温柔，你宁愿牺牲奉献，也不愿任何人受伤。有时候你只是心直口快，但并不妨碍你有一颗美丽的心灵。

第三章
洞悉细微反应，透过肢体语言看清真实内心

美国心理学家艾伯特·梅拉比安曾提出过这样一个公式：信息的全部=7%语调+38%声音+55%肢体语言。可见，想要获得对一个人的充分了解看外表就足矣，尤其是肢体语言。因此，学会捕捉肢体的微反应，通过别人的一颦一笑或是举手投足就能看透他的真实内心。

一张脸看穿你的内心

俗话说“知人知面不知心”，但实际上，人的面部表情、穿着打扮、言谈举止、兴趣爱好等，这些都在无形中传递着不计其数复杂而又微妙的信息，可以真实、准确地反映出对方的气质、情绪、性格、态度，等等。

如果你是一个心思细腻、观察力强的人，那么见到一个陌生人时，就可以迅速收集信息，综合做出判断，洞察对方内心。1分钟就足够，因为他的脸上写着很多重要信息。

韩愈在潮州做官时，有一天在街上出巡时碰见一个和尚。此人远看倒也算是英俊魁梧，但近看却让人感到害怕，特别是翻出口外的两颗长牙让人非常不舒服。韩愈当时心里就想：此人想必是个恶僧，倘若危害百姓，回去一定要好好收拾他。韩愈回到府里，才下轿，看门的就给他一个红包，说是一个和尚送来的。打开一看，原来是两颗牙齿。韩愈想：“我想敲他的牙齿，并没有说出来，他怎么就知道了呢？”后来韩愈才知道，他就是潮州灵山寺有名的大颠和尚，是个学问很深的人。

无独有偶。西方也流传着这样一个有趣的小故事，讲述的是同样的道理。

创立了原子论的古希腊哲学家德谟克利特，被后人誉为唯物论的鼻祖。有一天，德谟克利特在街上偶然遇见一位熟识的姑娘，德谟克利特和她打了一声招呼：“姑娘，你好！”第二天，德谟克利特再一次碰到与昨天同样打扮的那位姑娘时，却这样招呼道："这……这……太太，你好！"一语道破真相之后，他便转身离去。

"一夜之间成为太太"的那位姑娘被德谟克利特看穿时，脸上恐怕要涌上害羞的潮红了。那么，德谟克利特是如何看穿那位姑娘"一夜之间变成太太"的呢？这是他通过仔细观察那位姑娘的脸色、眼睛的活动情况、面部表情及走路的姿态等一系列举止而得出的结果。

据说，德谟克利特有时正吃着鲜美可口的瓜果，会突然从房间里跳出来，跑到地里去搞清楚瓜果为什么这么好吃。他就是具有如此强烈的探索精神和敏锐的观察力，才会具有如此神奇的本领。

解码微反应

在懂微反应心理学的人看来，每个人的脸上都挂着一张反映自己肉体和精神状况的信息明细表，能够展示出每个人的性格。因而，通过面部表情来判断人的性格是切实可行的。

不张嘴，也能知其心

那些曾经跟你产生过矛盾的人能成为你的朋友吗？也许很多人都认为不能。其实，只要你仔细观察，通过微反应便能断定对方是否是心胸宽广之人。如果是，那么他就能对以前的事情既往不咎，并且愿意和你成为朋友。

嘴唇是很多身体语言的一个重要信息暗示点，它最显而易见的功能是说话。但嘴唇在我们的生活中经常会呈现出不同的嘴形与动作，跟我们的情感心理紧密地联系在了一起。比如，嘴唇向前撇的人心理持怀疑态度，嘴唇往前噘的人防御心较重，嘴巴抿成“一”字形的人具有坚强的意志，嘴角上挑的人心胸开阔……

当你发现一个人嘴角喜欢向上挑时，那么就应该努力地与他建立起良好的关系。因为嘴角向上挑的人心胸开阔，一般不会跟你计较。即使你们曾经有过仇恨，在你需要帮助时，他也能放下仇恨来帮助你。不管是朋友，还是同学，或者是仇人，能不能成为你的朋友，关键的一点就是你能不能确定对方是一个心胸宽广的人。

有一天，姜小华在同学聚会的时候，无意间说起了自己的风湿病，说看了很多医生，还是反复发作，不能去根。

这时，姜小华的一个同学建议道：“要不，你去××医院的免疫科看看吧！那里的主治医师水平很高，据说还是我们初中时的同学呢！”

姜小华一听高兴不已，便急忙问道：“谁啊？你快说说。”

那位同学支支吾吾地回答道：“就是当年跟你打架的那个同学。”

“跟我打架？”姜小华迅速转动脑筋，试图努力地回想当年跟自己打架的同学的模样。

“你忘记了，当年你们打架，他因为受到学校的处罚，没能考高中，就去上了一所职中学校。没想到，他挺有能耐的，现在竟然当上××医院的主治医师了。”同学说道。

姜小华一听，不由得打了一个冷战。想起当年，因为自己的一个过错害得他错失上大学的机会。现在想来，真是后悔不已。于是，她急忙摆了摆手说：“那不行，那不行，他怨恨我还来不及呢，怎么会给我治病呢？”

那位同学想了想说道：“那也不一定，这得看他是一个什么样的人。假如他心胸宽广，那么他早放下了仇恨，肯定会帮你的。”

“这么多年没见面了，我怎么能知道他变成了一个什么样的人呢？”姜小华很担心地说道。

“这样，我们先去观察一下再说吧！”那位同学建议道。

“观察？观察什么？”

后来，姜小华和那位同学一起来到了××医院免疫科门诊的办公室。

办公室里有很多人，姜小华的那位同学站在门边仔细地观察着主治医师的一举一动。很快，他就发现这位主治医师在说话时，嘴角总是喜欢向上挑。注意到主治医师这个动作，那位同学立即高兴地对姜小华说道：“这位主治医师是一个心胸宽广的人，他不会恨你的，你去找他帮忙吧！”

姜小华疑惑不解地问道：“你怎么知道？”

“你先别问这么多了，去吧！”

于是，姜小华硬着头皮去找那位曾经是同学的主治医师帮忙。没想到，那位老同学见到她，高兴得不得了。当她说明来意后，对方立即答应了，让她挂完号后，直接过来就行，还说要和她好好聊聊毕业后各自的生活。

故事中的主治医师曾是姜小华的同学，同时也是她的仇人。姜小华的另一位同学为什么能断定这位曾经既是同学又是仇人的主治医师一定会帮姜小华治病呢？就是因为这位同学通过观察发现主治医师的嘴唇喜欢向上挑，从这个动作中，他断定主治医师是一个心胸宽广的人，不会记仇。因此，他才会积极鼓励姜小华去请求那位主治医师帮忙。

微反应专家发现，嘴角上挑的人大多机智聪明，性格外向，能言善辩，善于和陌生人主动打招呼，并进行亲切的交谈。他们胸襟开阔，有包容心，不会记恨那些曾经伤害过他们的人。他们有着非常良好的人际关系，在最困难的时候常常能够得到他人的支持与帮助。

解码微反应

◇嘴唇往前噘

这样的人防御心较重。一个人的嘴唇往前噘表明这个人的心理可能正处在某种防御状态。

◇嘴巴抿成“一”字形

大多数人在需要做重大决定或事态紧急的情况下会有这种动作。有这种习惯性动作的人，一般比较坚强，具有坚持到底的顽强精神，面对困难时会迎难而上而不是临阵退缩。

◇下嘴唇往前撇

一个人的下嘴唇往前撇的时候，表明他对接收到的外界信息持怀疑态度，他希望听到能令他信服的回答。

简单手势透露内心动向

一个人的内心世界不只是从脸部表现出来，当人们努力抑制脸部表情的变化时，其身体的其他部位却会在无意中泄露内心真实想法。在身体语言中，手势发挥着非常重要的作用。行为学家曾形象地比喻说："手势是人的第二张唇舌。"

当一个人的心理活动发生变化时，我们的手部通常会有所动作，如遇到重大事件或变化时，人们的手指会交叉紧扣，这是有压力或低度自信的表现；当听到、看到或想到一些不好的事情时，人们的手可能会颤抖；在想讨好某些人，或对其进行恭维时，很多人可能会采用托盘式手势，也就是一只手搭在另一只手上，双手撑住下巴，微微抬头将脸迎向对方，以表示自己对对方非常关注……就这样，人们的各种心理通过形式各异的手势体现出来。有些时候，手势甚至比言语更能表现说话者的心思。

汤姆夫妇为他们30周年结婚纪念日举办了一个盛大的晚宴，在宴会上大家围坐在桌边聊天。由于汤姆夫妇做的是金融生意，请的也大多是金融界的朋友，所以大家很自然地聊到了金融。汤姆的一个朋友杰克跟邻座的人说起自己在资金方面遇到了困难，不料被杰克的妻子朱丽叶听到了，于是她抱怨说："钱好像一下子就没了。"

细心的人会发现，在朱丽叶小声说这句话时，杰克的手慢慢地撤离了桌面，悄悄地缩了回去，最终放到了他自己的腿上。对身体语言有研究的人，一定都知道这种手部动作其实是一种心理逃跑的表现，朱丽叶的丈夫杰克肯定对其隐瞒了什么。而事实也果真如此，杰克从家庭联合账户中偷偷拿走了一部分钱用在了情人身上。

后来，得知真相的朱丽叶无法原谅丈夫的所作所为，提出了离婚。

跟善于欺骗的语言不同，手部动作可以向我们透露一些真情实感，向我们提供可靠的非语言线索，让我们准确地了解自己及周围人的思想、感觉或意图。下面，我们就了解一下几种常见的手势所代表的含义。

1. 紧握双手，呈拳头状

这是在向他人展示“我是有力量的”“我不怕你，要不要尝尝我拳头的滋味”，是一种示威和挑衅的动作。当将其恰当地运用于演讲或说话时，则说明这个人很自信，很有感召力，是值得人们信赖和依靠的对象。

2. 摊开双手

这是表示妥协的姿势。当一方在受到对方的责骂时，有时也会双手一摊，表示“我的确什么也没干过”，用这个动作表明清白或者要求妥协的意思。多数情况下，人们都认为摊开的手掌表示真切、诚恳、忠贞和顺从。当某人向你表示真诚时，他会暴露部分或是整只手掌在你面前。这种姿势给人一种说实话的感觉，似乎在说“让我一五一十地告诉你吧”。

3. 不停地摆弄双手

双手不停地摆弄东西，或者手指不停地动，这些都说明了行动者很烦躁，心理有较大的压力。尽管很多时候，言语中也会表现出这样的骚动，但人们无意识的动作，会将其表现得更明显。

4. 搓手掌

如果行为人急速地搓动着手掌，就表达了他的一种跃跃欲试的心情。例如，你在接受一份工作计划后，急速地搓动手掌，就表明你有实施它的愿望，并可能马上就采取行动。如果是慢慢地搓手掌，则是表达行为人在遇到有决定性作用的选择时，犹豫不决，或者认为阻力很大，很难实现。例如，当你向业务主管提交一份工作计划后，主管并没有发出任何声音，而是慢慢地搓动着手掌，这就说明主管对这份计划有所质疑，所以在他开口说话前，你需要在心理上有所准备。

5．摆出“尖塔式”手势

电视中经常看到，老板在和员工围着桌子谈话时，经常会使用一种手势——将两手的指尖相互对应，形成一个尖塔形状直立放在桌子上，这就是典型的“尖塔式”手势。

它多用于一些有自信、高层次的人身上，如上级听下级的汇报，指导下级，或者给下级提建议的时候，经常会用到这个手势，表达他们对下级所提到的内容“全知”“尽在掌握”的心理态度。

6．将双手隐藏

在说话的时候，如果某人不自主地将双手藏起来，那就说明他心有隐藏，说明他在隐瞒一些谈论中的关键信息。

解码微反应

手部动作在给人以深刻印象的同时，还会通过肯定的语气来对说话者产生一种暗示的作用，最终真的为说话者增强了信心。因此，在日常生活中，大家不妨用紧握拳头或用力握手来暗示自己，以增强自己的信心。

从叉腰姿势看男女的不同心理

一个人的身体语言透露着很多细节，且代表着一定的含义，比如一个小小的叉腰姿势都可以透露一个人的个性与心理。那么，我们为什么要叉腰呢？它又代表着怎样的含义？

人们叉腰姿势的最原始目的与动物相似，动物在遇到敌人时会竖起身上的毛发吓退对方，当然我们不能竖起身体上的毛发，所以就摆出叉腰的姿势让自己显得更加挺拔，以此显露自己的强势。从这个方面来说，叉腰也是动作者威慑力的体现。

另外，叉腰这个姿势还被认为是成功者的典型动作。比如，我们总是能够在影视剧中看到毛主席、周总理等老一辈革命家摆出双手叉腰的姿势。可见，从叉腰的姿势能够看出一个人的强势。然而，即使是同一个叉腰姿势，对男女来说也代表着不同的心理。

1. 男士叉腰

许多男士比较喜欢叉腰的动作，之所以摆出这个姿势来，是为了显示自己的野心、自信以及坚定的内心。特别是在女士面前，男士也用双手叉腰的姿势来突出自己的男子汉气概，向这位女士表明自己是一位上进心强并且主动的男士。

不过，在判断男士双手叉腰的含义时，也要结合其他肢体语言进行分析，因为叉腰并不总是表达积极的态度。比如，有的人叉腰同时衣扣紧紧扣着，那他正处于沮丧的情绪中。而有的人在叉腰的同时，解开衣扣露出结实的胸膛，则是一种明显的挑衅。特别是他还紧握拳头，两脚分开稳稳地站着，那么这种敌意就更加明显了。

2．女士叉腰

叉腰姿势在女士身上是很少见到的，因为女士叉腰往往会给人一种“悍妇”的印象，双手叉腰一般都是女士在发怒之前的预备动作或是破口大骂时的动作。所以，女士尽量不要做出这个动作，以免给周围的人留下脾气暴躁的坏印象。

当然，在一些特殊情况下，女士双手叉腰也是魅力的展现，比如模特在T台上走秀。不少模特都是以叉腰的姿势来展示设计师的作品，这种姿势不仅在向观众暗示她们感到自豪，而且是一种自信的表现。

综上所述，如果我们想在人际交往中表现出强势，就可以站得沉稳一些，把双手置于髋上，做出双手叉腰或者单手叉腰的动作。当然，太过于强势也会令人反感，所以在生活中还是尽量少做这个姿势，因为有些比较敏感的人会觉得双手叉腰的姿势是一种冒犯。

解码微反应

喜欢走路双手叉腰的人，一般都是急性子，总希望在最短的时间内做完自己的工作。他们有很强的爆发力，在决定实施下一步计划的时候，常有叉腰的动作。另外，这样的人也很自信果敢，他们只要下定了决心去做某事，就有信心把它做好，并会立即展开行动，效率也比较高。不过，这样的态度固然好，但往往会忽视微小的细节问题，无法做到精益求精。

足部小动作透露你的心理秘密

比起手部动作，腿部和足部动作显然要少些，它们的表现要比手单纯得多，而且当一个人感情激昂时，足部动作反而会更贫乏。所以，脚透露的情绪信息往往被人们所忽视。然而，正因为人们总是忘记了去注意自己的足部动作，它所提供的信息也就更有价值。

经过一系列其下意识动作的研究，人们发现了一个十分有趣的现象，人体中越是远离大脑的部位，其下意识动作的可信度越高。脸距离大脑中枢最近，因而其动作表露的心思并不太可靠。腿和脚远离大脑，绝大多数人都顾不上这个部位，所以，它比脸、手要更诚实一些。

我们在与他人相处时，总是最先注意对方的脸。而且我们知道，别人也这样注意我们。所以，为了掩饰自己的真实想法，我们常常借一颦一笑来隐藏内心的真相。

另外，在成长的过程中，我们的长辈也会告诫我们，不要什么事都挂在脸上，要有些城府，就这样我们学会了强颜欢笑，学会了故作镇定，学会了喜怒不形于色。作为一种社交需要，这当然无可指责。如此一来，我们用脸掩饰自己情绪的能力也变得越来越强。

从这方面来说，“察言观色”并不是一件容易的事情。为了得到更为准确的信息，有人开始将更多的目光放在人身体最诚实的部位——脚。

1. 双脚在一条水平线上，且双脚叉开

做出这种姿势的人一般是处于优势地位的公司领导或者上级，他们同下属谈话的时候，通常会做出这样的姿势。从这个姿势可以解读出他们的内心世界：他们非常自信，甚至让下属感觉到有一种盛气凌人的气势，而且他们往往是自私的，不会耐心听取下属在工作中遇到的困难，他们的口头禅：“你应该”“你必须”等命令式的话语。这种姿势在男性身上会经常出现，以显示出其在社会中强者的一面。

2. 一只脚在前一只脚在后站立

这类人内心总感觉不安全，于是，他们通过这样的方式来缓解紧张的神经。这类人通常是一些内心世界封闭、不愿与人沟通的人，他们很少愿意与人诉说自己的心声，在他们内心深处，对别人存在一定的戒备心理。他们的这种特性与从小在封闭的环境中成长有很大关系。

当他们步入社会之后，非常谨慎地与别人交往，交往过程中的站姿是把脚一前一后放置，这样他们就会感觉在空间上处于优势地位，从而增强了内心的安全感。

3. 脚尖的朝向即是心的指向

几个人一起结伴到餐馆吃饭，他们围坐在一张桌子旁边。从桌子上方看，他们互相之间都有着融洽和谐的关系。而从桌子下方看，则有了不同的场景。另外几个人的脚尖都朝向了其中的一个人，由此也可以看出，这个人才是这群人中间的主角。

我们在阅读身体语言时，很容易忽略脚尖的指向。似乎脚在地上的摆放位置只是一种天然的习惯，没有太多的深意，所以脚尖的朝向也就不值得探究。实际上，当我们的上身在自身潜意识的作用下发生偏移的时候，我们的下肢也会跟随着移动，而脚尖也就朝向了我们最感兴趣的人和事物。

假设在某一场合中，你看到两名男士与一名女士在一起谈话，看起来似乎都是男士们在说话，而那名女士只是在听着。假如你再仔细观察一下谈话者脚尖的指向，便会发现有趣的现象。有的男士朝着在场的人侃侃而谈的同时，他的一只脚的脚尖会指向那位女士，这种非语言信息意味着他对她感兴趣。

开始时，这位女士的双脚可能是一种中立的位置。假如这位女士懂得这种无声语言所传递的信息，意识到并也注意到了在一起的那位男士的脚尖指向，若没有其他方面的因素掺杂其间，她也对那位男士感兴趣的话，最后她的脚尖也会不自觉地指向那位男士。

4. 伸长脚是向对方示好

伸长的脚是脚尖朝向的强化延伸动作，脚尖只是微微表露了心意，而伸长的脚则是向对方明确地示好。

当我们与别人谈话时，不管是对谈话内容还是交谈对象，只要我们感兴趣，我们就会把脚伸向对方，借此来缩短和交谈对象之间的距离。反之，如果觉得兴味索然，我们就会缩回自己的脚，尽量拉远与交谈对象的距离。假如双方是坐着谈话，这样的行为就更加明显。如果我们不想谈话，也懒得附和对方的意见，就会把脚收回，甚至脚扣着脚踝放到椅子下面，呈现出一副封闭的姿态。

5. 把脚放到另外一只腿上

这种脚部姿势被称为“4”字形，它经常出现在男性身上，男性通过这样的动作向别人显示自己男子汉的一面和自己处于的权势地位。这类人一般都非常自信且做事独断，遇到问题不愿意与其他人商议，而是凭借个人主观意愿去做事。他们都非常有主见，不会轻易改变自己的看法，并且希望别人按照自己的意愿去办事。

如果你试图想用自己的想法说服这种人，可能会出现一种挫败感，因为在这种人的潜意识里，一直都认定自己才是主导事情发展的关键人物，让别人服从自己的观点才是他们最终的目标。

大家要注意的是，做这种动作一定要从自身实际情况出发，要有一定的尺度，假如在领导或者面试官的面前做出这个动作的话，会给领导或者面试官留下不好的印象。在他们眼中，你就会变成不懂得尊重别人、自高自大的人，这样做对你的前途是没有任何益处的。

解码微反应

在你知道了脚的指向所暗示的非语言信息后，当你面对某人，很想跟他说几句话时，要是看到他一方面在跟你聊，脚尖却不朝着你，而是指向某出口，你就可以判定这人的心已不在你这里。如果你够聪明的话，最好趁早放他走。

通过步态也能读懂一个人

通过步态来观察人，世界各国都在用这种读心识人的方法。步态是一种微妙的身体语言，它能真实地反映一个人的性格、情绪和职业。只要我们用心观察，就能轻松地从步态中读懂一个人。

观察一个人怎样走路，你肯定会有所收获，因为每个人在走路的风格上都有自己的特色。

1. 步伐急促

他们不管有事还是无事，不管去办事的地点是远还是近，就算有很多时间，他走路时仍旧急急匆匆，两脚掌轮换得非常快，仿佛有天大的急事。

这类人是典型的行动主义者，大多精力充沛、精明能干，敢于面对现实生活中的各种挑战。假如你的下属里有这样的人，不管怎样劝说，他都会按照自己的思维方式做事，一定会让你十分气愤。对于这种人，应该努力发现他们的优点，比如，他们的适应能力特别强，尤其是凡事讲求效率，从不拖泥带水等。假如你去让他给你完成某项工作（不要带威胁的口气），他一定会在最短的时间里使你满意。

2. 步伐平缓

这类人走路时总是一副慢吞吞的样子，不管你说得如何急他都不在乎，这类人属于典型的现实主义派。

他们凡事讲求稳重，他们注重“三思而后行，绝不好高骛远”。如果他们在事业上得到提拔和重视的话，也许并不是他们有什么“后台”，而是他们那种务实的精神给自己创造的条件。

3. 身体前倾（不包括老态龙钟之辈）

有的人走路时习惯于上身向前微倾，并不是因为他们走得较快需要用身体来平衡。这类人的性格较为温柔和内向，见到潇洒的男性或漂亮的女性时多半会脸红。但他们为人谦虚，一般都有良好的自身修养，女性则多属于“大家闺秀”的类型。

他们与人相处也是一副“借他米还他糠”的冷漠样，很难与人亲近。但一旦成为知交则至死不渝，尤其在恋爱或婚姻出现分歧、决裂时，他们总是抱着“宁肯对方负我，我绝不负对方”的观念。因此他们时常对生活感到厌倦，较之其他类型的人来说，他们容易受伤害，而且不愿向人倾诉。

4. 走路摇摆

一般来说，这种走路的姿态多出现在女性身上，不然就是喝醉了酒或者装疯卖傻，故意摇摇晃晃、东倒西歪的样子。这类人看似行为随便，但他们待人热情诚恳，处世坦荡无私，本性善良，很容易与人相处，大凡社交场合总是他们的天下。

假如能忘记这种人走路的形态而与他们交往，他们总会乐意帮助你解决问题和困难，而且不需要你的感激。

5. 昂首挺胸

走路时抬头挺胸，大踏步地向前，充分显示自己的气魄和力量，让人觉得有几分高傲。这类人往往以自我为中心，疏于人际交往，不轻易投靠和求助别人，哪怕他们碰到自己根本无法解决的事情也是如此。他们思维敏捷，做事条理性强，考虑问题比较全面。也许不是很复杂的一件事情，他们也可能会拟订一份计划。他们习惯于修整仪容，衣履整洁，时刻使自己保持着完美的形象。

这类人最大的弱点是羞怯和缺乏坚强的毅力。经常看到他们有很多宏伟的计划，却很难发现他们事业上的成就，加之个性羞涩，难以主动与人交往，时常不能充分发挥自己的能力。于是他们时常有一种“时不我与”的感觉。这类人还极富组织能力和判断力，可惜他们时常说得多做得少，属于典型的“纸上谈兵”类型。

6. 军事步伐

走路如同队列演习，步伐整齐，双手有规律性地摆动。这类人意志力较强，对自己的信念非常执着。

这种男人往往最讨女人欢心也最让女人讨厌，因为他们一旦看上某个女人，就非追到手不可，只要你答应他，他愿意每天拉着人力车来接送你。

这类人如果能充分发挥自己的长处，一定会收效颇丰，因为他们对事业的执着是其他类型的人无法达到的。但如果你的上司是这种人的话，日子可就不好过了，很多时候你会“吃不了兜着走”，因为他们一般都比较“独裁”。

7. 走路两手叉腰

有的人走路两手叉腰，上体前倾，就像一个短跑运动员。他们可能是急性子，总希望在最短的时间之内跑完急需完成的路程。这种人有很强的爆发力，在要决定实施下一步计划的时候常常表现出这样的动作。在这段时间里，从表面上看，他们处于沉默的阶段，好像没有什么大的举动。其实，此处无声胜有声。他们的这种动作，实际是一个大大的“V”形，他们仿佛在告诉别人：“胜利正在向自己走来，你们就等着我的好消息吧。”

8. 走路抬下巴

有的人走路的时候，下巴高高地抬起，手臂很夸张地来回摆动，腿就像高跷一样显得比较僵硬。他们的步子常常是那样的稳重而迟缓，好像刻意要在别人的心中留下深刻的印象。这类人很傲慢，被人们称为“墨索里尼式”步态。如果不想与这样的人对抗，那么你需要在他们的面前表现得谦虚一点。

解码微反应

走路是我们每天都要做的事情，就像我们呼吸空气一样平常，但是这里面藏着很多玄机。每个人有每个人的习惯，由此，我们每个人走路的姿态就会有所不同，就在这不同的走姿中，你的性格特征就一点点地被泄露出来。

站姿是性格的一面镜子

生活中，假如仔细观察，你就会发现站立这种简单的动作，也是百人百样。因此，“站姿是性格的一面镜子”，此话很有道理。只要细心观察你周围的人，从对方站立时的身体语言去探知其性格心理，你就会有收获的。

人在站立时，有正面姿势和侧面姿势之分。正面姿势所反映的特征，是人们通过学习和对自身经验的总结积累而形成的姿势特征；而侧面姿势，一般被认为是仍保留着出生时的原始姿势倾向。所以，正面姿势是人们在适应后天的生活环境中形成的，它反映了人们现在和未来的状况，同时也表示一个人克服困难的能力；而侧面姿势则表示原始的感情，幼年、少年时期的心理活动。由此，通过站姿也可窥探一个人的性格和心理。

1. 站立时背脊挺直、胸部挺起、双目平视

这类人较为友善，易于亲近，并且可以很快地跟别人成为好朋友。他们的人际关系较为协调，给人一种很随和、喜欢交际的形象，他们从来不给别人出什么难题。且这类人为人敦厚笃实，一般也会得到他人的信任。

2. 站立时两手叉腰

这种姿势属于开放型动作，有一种想要使自己给对方造成优越感，或威严感的愿望，也是具有自信心和精神上优势的表现。如果上身再加上挺胸的动作，那就可以考虑有威吓他人、虚张声势的动机。

3. 站立时单手插入口袋

站立时习惯单手插入口袋的人性格复杂多变，有时会极易与人相处，推心置腹；有时则冷若冰霜，对人处处提防。

4．站立时双手插入口袋

如果你正在跟你的上司谈话，当上司听得不耐烦时他常常会把双手插在口袋里站立，甚至还会在屋里踱来踱去。当然，不论是何意，这种双手插入口袋而倾听对方说话的人可以说是表达出了不仅不同意对方，并且有不想确立与对方的亲密情感传达的意思。

这种姿势给人的感觉是好像总有很多事情等着他们去做，其实是因为他们经常觉得不知如何是好。这种人的伟大之处就是他们把爱情看得异常神圣，从不轻易玷污，他们既不会轻易喜欢上一个人，更不会轻易向人表达他们忠贞的爱情。

5. 站立时双臂交叉

双臂交叉抱于胸前，是一种防御性的姿势，防御来自眼前人的威胁，保护自己不产生恐惧，这是一种心理上的防卫，也代表对眼前人的排斥。这种人性格坚强，不屈不挠，不轻易向困境、压力低头。但是由于过分重视个人利益，这种人与人交往时经常摆出一副自我保护的防范姿态，拒人于千里之外，令人难以接近。

6. 站立时双脚并拢，双臂垂直

这类人的性格诚实可靠、循规蹈矩而且生性坚毅，不会向任何困难屈服低头。

7. 双脚自然站立，偶尔抖动双腿，双手十指相扣在腹前，大拇指来回搓动

这类人的表现欲望特别强，喜欢在公共场合大出风头。如果要举行游行示威，走在最前面的，扛着大旗的多数是这种人。从表面上看，这类人充满了自信，而实际上，这却是一种表示焦急而沮丧的常见姿势。

8. 两脚交叉并拢站立，一只手托着下巴，另一只手托着手臂的肘关节

这类人多数是工作狂，他们对自己的事业颇有自信，工作起来非常专心。废寝忘食的行为对他们来说是家常便饭，自己的另一半更是经常被其冷落在

家，幸运的是他们的伴侣多数是理解型的。

这类人通常多愁善感，从他们丰富的面部表情就可以看出，他们是那么容易喜怒无常，甚至在他们的言行中也表露无遗，刚才还在与你喜笑颜开，夸夸其谈，突然脸色沉了下来，一句话不说，最多时不时地参与到你们的谈话中苦笑一下，显得很深沉的样子。他们对这个世界倒是很富有爱心，可以经常看到他们的奉献精神。这种人很坚强，他们一般不会向人屈服，也不会由于重重摔了一跤，就不再继续在充满泥泞和荆棘的道路上前行。

9. 两脚并拢或自然站立，双手背在身后

这类人与别人相处一般都比较融洽，可能很大一部分原因是他们很少拒绝别人，从不对别人说“不”。其性格特点是奉公守法，尊重权威，极富责任感，不过有时情绪不稳定，往往令人感觉高深莫测。他们最大的优点是富有耐性，而且能够接受新思想和新观点。

10. 站立时弯腰曲背

这是一种封闭型的站姿，表现出自我防卫、闭锁、消沉的倾向。这种站姿显示出一个人精神上处于劣势，反映出惶惑不安或自我抑制的心情。若是与双手插入口袋的姿势相配合，则是一个人心情沮丧、苦恼的反映。

解码微反应

古人云“立如松”，即是抬头，双眼平视前方，嘴唇微闭，面带微笑，下颌微收；放松双肩，稍向下压；挺胸、收腹、立腰；双臂自然下垂于身体两侧，双腿直立，膝和脚后跟靠紧。良好的站姿可以显示个人良好的精神状态和高雅气质。

坐姿不同，秉性亦不同

每个人都有自己独特的坐姿，每一种坐姿从表面上看似乎都是无意识的，事实真是如此吗？当然不是。人们在实践中发现，要想正确地观察一个人，就要从其貌似随意的坐姿入手，进而窥探出对方的真实思想，了解对方的心理动向。

坐姿，是人的一个生活习惯，凡是习惯总能表现出某个人的某些特征。我们来看坐姿是如何体现一个人的性格的。

1. 两腿及两脚跟并拢靠在一起，双手交叉放于大腿两侧

这类人为人古板，性情自我、固执，不会轻易接受别人的意见，就算知道别人说的是对的，也固执地坚持自己的观点。

他们都有完美主义倾向，凡事都想做得尽善尽美，因此做的都是一些可望而不可即的事情。他们爱夸夸其谈，缺乏求实的精神，做事缺乏耐心，即便只是短短十分钟的会议，他们也会显得极度厌烦，甚至反感。所以，在现实生活中，他们经常遭遇失败。

他们对于爱情和婚姻也采取完美主义态度，因此往往比较挑剔，为自己辩解是出于慎重的考虑，但事实不然。应该说是他们的性格决定了一切，在他们心中已经有了一个“模型”，假如身边的人和这个理想型有半点差距，他们都不会再去争取。

2. 两膝盖并在一起，小腿随着脚跟分开成“八”字样，两手掌相对，放于两膝盖中间

这类人性情比较内向，容易产生害羞、胆怯、忸怩的心理。如果是女性，往往会缺乏信心，在公共场合，大多说一两句话就会脸红，因此，在社交场合，一般很难见到这种人的身影。他们感情细腻，虽不温柔，但常常会给人一种神秘的感觉。

他们是保守型的代表，天生抵触时尚。在工作中，他们习惯于用过去成功的经验作依据，因循守旧，常常有惊慌失措的感觉。不过他们对朋友的感情是相当真诚的，每当别人有求于他们的时候，只需打个电话，他们就会义不容辞。

3. 敞开手脚而坐，两只手没有固定搁放处

这是一种开放式的坐姿。这类人或具有主管一切的偏好，有指挥者的天分或支配型的性格，或性格外向，不拘小节，甚至有点不知天高地厚。

4. 踝部交叉而坐

这是一种控制消极思维外流，控制感情，控制紧张情绪和恐惧心理，表示警惕或防范的人体姿势。在工作上，这类人踏实认真，尽管工作能力欠佳，却也能够埋头为实现自己的梦想而努力。

5. 身体尽力蜷缩，双手夹在大腿中而坐

这类人往往自卑感较重，谦逊而缺乏自信，大多属于服从型性格。

6. 左腿搭右腿，双手交叉放于大腿两侧

这类人通常有较强的自信心，坚信自己对某件事情的看法，即便与别人存在分歧，也不会轻易被别人所影响。

他们天资聪颖，工作努力刻苦，总是能尽自己的最大努力去实现理想，遇到困难，总是想尽一切办法去解决，绝对不轻易向困难低头。虽然有这种“胜不骄、败不馁”的品性，但当他们完全沉醉在成功的幸福之中时，也难免会忘记周围人的感受，甚至会得意忘形。

他们协调能力很强，有领导的才能和欲望，周围的人也都心甘情愿地被他们领导。不过，这种人感情不专一，属于见异思迁型。

7. 右腿搭在左腿上，两小腿靠拢，双手交叉放在腿上

这类人给人的第一感觉非常和蔼可亲，很容易让人接近，其实不然，在别人找他们谈话或办事时，他们总喜欢摆架子，一副爱答不理的神情，甚至会让对方陷入尴尬。他们没有耐心，做事总是三分钟热度。

解码微反应

有的人会始终浅坐在椅子上，这是一种处于心理劣势的表现，也是缺少安全感的表现。对于持这种姿势而坐的客人，假如你打算跟他们谈论要事，或托其办什么事，恐怕还为时过早，因为他们还没有定下心来。

心理小测试：四个小动作揭示你的真实性格

细微的面部表情、不经意的肢体动作等身体做出的微反应，就能让人一秒钟看透你的真实内心。想知道别人隐藏的真实性格吗？来做下面这个心理测试吧，只要观察他人的四个常见手势就能瞬间知晓对方的真实性格。

（测试内容）

1. 双手交握交缠时，如果左手的大拇指在上，在纸上写一个“B”，如果右手的大拇指在上则写“A”。

2. 用一只眼睛瞄准看不清的东西时，如果用左眼在纸上写一个“B”，如果用右眼则写“A”。

3. 双臂交叉抱胸时，如果左手搭在上面，在纸上写一个“B”，如果右手臂搭在上面则写“A”。

4. 鼓掌的时候，如果用左手拍右手，在纸上写一个“B”，如果用右手拍左手则写“A”。

（测试结果）

AAAA：你是右撇子，思想比较保守，性情平和，不喜欢与人争执。

AAAB：你是一个优柔寡断的人。

AABA：你是一个平易近人的人，风情万种，行事果断，富有幽默感，具有艺术天赋（通常指女性）。

AABB：少见的组合。和上面一个组合的性格类似，但更宽和温柔。

ABAA：你性格温和，头脑聪明，善于分析，适应力差，在人际交往时小心翼翼，性情宽容，略有些冷淡（通常指女性）。

ABAB：最罕见的组合。你缺乏安全感，对外界刺激很敏感（通常指女性）。

ABBA：你是一个洒脱的人，能轻松与人交往，避免与人冲突，交游甚广，兴趣常常变化。

ABBB：你是一个独立的人，什么事都要自己动手。

BAAA：常见的组合。你是一个情感丰富的人，但是在决定重大问题时不够坚定顽强，容易受到干扰，适应力强，待人友好，能轻松与人交流。

BAAB：你是一个性情温和、天真纯洁的人。

BBAA：你是一个性格质朴的人，待人友好，有一点丢三落四，喜欢自我反省。

BBAB：你心性质朴，性格温柔，容易轻信他人。

BBBA：你是一个情感丰富、充满活力、处事果断的人。

BBBB：你是左撇子，性格自由不羁。你能够用新观点看待旧问题，感情强烈，个人主义，自我中心，固执，有时甚至一意孤行。

BABA：最强势的性格。你难以改变自己的观点，充满活力，能朝预定目标坚持不懈地努力。

BABB：和上面的组合有点像，但不那么固执，你会在别人的影响下反省自己，要花费一番工夫才能交到朋友。

第四章
与陌生人交谈，读懂其微反应才能投其所好

在我们的生活中，几乎每天都离不开与陌生人的接触，比如工作中的谈判，娱乐时的聚会，旅途中的交谈等，可以说无时无刻不在与陌生人打着交道。那么，如何才能快速了解对方的真实内心呢？如何快速消除彼此之间的隔阂，进而让交谈变得轻松、自然呢？试着读懂对方的微反应吧，这一切就会水到渠成。

上扶梯匆忙的人竞争意识强

不知你是否留意过，虽然有的人没什么急事，但乘坐自动扶梯时，他们还是会在左侧不停地前进，匆匆忙忙地超过站在右侧的人。他们为什么会这么做呢？这又是一种什么心态呢？

按照一般的规矩，乘坐自动扶梯时，人应该靠右侧站立，把左侧的位置空出来让那些有急事的人跨步上楼梯。不过，有些人就算没什么急事，一上自动扶梯也会从左侧快速地迈步前行。这是什么心理呢？

一般来说，这类人性格都比较急，而且缺乏协作性。当他们从左侧上自动扶梯时，假如有人站在左侧挡住去路，或者站在右侧的乘客行李太多，把左侧的优先道给占住的话，他们就会变得焦躁不安，似乎心情糟糕得都无法表述。其实，他们并不是因为有重要的事而着急，而是因为不能继续走上楼梯，并觉得自己的步调被打乱了。

本来，并没有明文规定乘坐自动扶梯时必须站在右侧，把左侧空出来让给有急事的人优先通过。而且，出于安全的考虑，在商场和地铁站等有自动扶梯的地方，一般还会通过广播劝告大家不要在自动扶梯上随意走动，以免发生危险。虽然如此，但这类人在自动扶梯上还是无法忍受左侧的通道被人堵塞，他们心中暗自抱怨“真没有常识”，然后不耐烦地停住前行的脚步。

心理学家发现，在自动扶梯上还自己步行上楼梯的人，大多有较强的竞争意识。自动扶梯本身已经在上升，再加上自己还在自动扶梯上步行前进，速度是相当快的，而且，自己还能不停地超过站在右侧的人。这时，他们心中便会产生一种优越感——“我比别人快”。因此于无形之中，其内心深处“不愿输给任何人”的竞争意识就得到了满足。

解码微反应

需要注意的是，本没有着急的事情，但在自动扶梯上还要自己迈步前行的人，往往都非常固执于自己的步调，并会在不知不觉间丧失为别人着想、关心他人的想法。因此，也可以说，他们属于那种优先考虑自己，且是以自我为中心的人。

常换发型及形象的人缺乏安全感

经常变换发型、发色的人，与其说是追求时髦，倒不如说有着强烈的“变身愿望”。他们之所以会出现这样的行为，大多是因为内心充满不安。

时隔一个月之后，再次跟某位朋友相见时，我着实吃了一惊。从发型、发色到服装风格，来了个整体大变样，简直就跟换了一个人一样。这时我才想起，以前每次见面，她的形象都会出现很明显的变化。她为什么要如此频繁地改变自己的形象呢？其实，其内心的不安是根源。

发型本来是人们自我表现的一种形式，偶尔改变一下头发的长度、颜色，可以让自己看起来跟以往不同，这是一件很自然的事情。不过，今天是黑色短发，过几天就换成披肩的金色鬈发，没出两个星期又换成朋克爆炸头……如此极端地改变自我形象的人，很难被定位成赶时髦。

可以说，这种类型的人，内心极有可能存在某种不安全感。他们内心深处的想法，与其说是“我想成为这样”，倒不如说是“我想让别人这样看我”。换句话说，自己的形象之所以无法固定下来，是因为他们对别人的视线总是充满了不安，觉得对方不认可这样的自己。

在频繁改变形象的背后，是缺乏“自我信赖感”的心理在发挥作用。这样的人，对别人的要求和非难，根本无法做出正确的判断，而是需要借助其他形式。一般情况下，假如某人想改变自己，那他往往会加强内在修养的磨炼，而这类人却不这么做，他们习惯借助表面形象的改变来获得精神上的安定。由此看来，经常大幅度改变外在形象的人，多是缺乏自信、心中充满不安因素的人。

一个人没有自信，通过不停地改变形象来缓解内在不安，就是说他在用外表来弥补自信心，以求实现精神上的安定。这种现象在心理学上叫作缺乏自我信赖感。所谓自我信赖感，指的是自己对自己的信任。缺乏自我信赖感的人，就会表现得没有自信。

从心理学的角度来看，把头发染成明快颜色的人，是在寻找崭新的自我，是向前迈出第一步的信号。假如并没有频繁重复这种行为，那说明他已经找到了自信，并摆脱了不安情绪的困扰。

解码微反应

◇头发很短，这样看起来很简洁，也极为方便

这样的人大多有勃勃的野心，他们的生活总是被各种各样的事情占据着。他们在内心很想把这些事情做好，但实际上却往往什么也做不好，因为他们缺少必要的责任心，在遭遇困难、面对挫折的时候，往往会选择逃避。

穿衣打扮写满了心思符号

想必你曾有过这样的体会：在琳琅满目的橱窗中一眼相中了一件衣服，穿到身上感觉它就是为你量身定做的一样，那么为什么你会有这种感觉呢？一个人的穿衣打扮真能出卖自己的内心世界吗？

虽然我们一直强调不要以貌取人，但这依旧无法改变外表对人产生的影响。尤其是着装无时无刻传递着信息，透露着内心的秘密。大多数时候，说一个人有魅力，甚至是吸引人，不一定是长得多美，而是因为对方举止高雅、穿着得体。事实也确实如此，我们在观察一个人的时候，很大一部分注意力会集中在其服饰上。

例如，曾有一位记者，每次采访之前，她都会先确定对方穿什么样的衣服，然后选一套与对方风格相似的服装。这样做的目的是为了拉近彼此之间的距离，使采访的氛围更加愉快，双方都能自由谈话。如果双方的服饰相差悬殊，比如一个人穿西装，一个人穿运动服，采访就会显得不自然，甚至产生交际障碍。

事实上，很多人在追求时髦、选择时装时都没有记者这样的眼光。大多不会考虑场合，更不会注意到“服装与谈话”的重要性。因为不了解着装背后潜藏的心理信息，所以忽略了与他人改善关系的机会。

其实，在各种场合中，得体的着装能给对方带来微妙的心理变化。举个例子，A为了个人情感问题而请教B，如果B的服装色调暗淡，那么原本满腹苦水、想一吐为快的A就忽然变得什么都不想说了。为什么会这样呢？当然，这与B的着装有很大关系。

所以，我们应该根据对方的个性、谈话的内容或谈话的场合来选择自己的衣着，我们所挑选的款式和颜色，应该尽量体现自己的风格，这样才能促进我们与别人谈话的效果。

服饰在一定程度上充当着语言的角色，所以通过服饰可传递信息、交流情感。服饰是影响交流的一个十分重要的因素，那么服饰在交际中到底起着怎样的作用呢？

1．第一印象作用

对一个陌生人形成第一印象的主要因素是外貌，而服饰是决定外貌的重要因素之一。人们在观察他人时，有80%～90%的注意力集中在服饰方面。因此，服饰的得体与否决定着第一印象的好坏。一般来说，穿着得体会给人留下良好的印象，而衣着邋遢则容易遭受到冷落和疏远。

2．展示个人信息

服饰的另一个作用是展示个人信息，我们可以通过服饰来判断一个人的社会地位、经济状况、民族、职业、年龄，等等。服饰的这种展示作用是直接的、明显的。虽然在现代社会，等级的区别不再那么明显，但服饰的展示作用依然存在。比如富者与穷者的服饰在数量上和质量上都存在着显著的差异。另外，传统的民族服装则是一个民族的象征和标志。

3．间接暗示作用

服饰可以含蓄地、间接地向他人提供信息，对他人的心理和行为产生影响。虽然人们交流思想感情的主要工具是语言，但是当语言表达受到限制时，也可以通过服饰来传递信息，利用服饰向他人做出暗示，使接受者根据当时的情境做出正确的理解。

4．情绪感染作用

服饰作为一种刺激信号，还可以传递情绪。服饰对于穿着者本人和他人的情绪都会产生很大的影响。比如穿戴潇洒，情绪也会振奋不已；破衣烂衫，情绪就会低落。当我们穿上一件漂亮衣服出门时，心情会很愉快；当我们意识到穿着不够得体时，经常会感到羞惭，甚至连脚下的鞋子也会影响我们的情绪。

由此可见，服饰对社交产生的作用是巨大的。我们可以通过不同的穿着打扮，看透他人的社会角色及其对周围世界的不同态度。同时，我们自己更要注重在社交场合的着装，它能让你和陌生人之间的交谈更为愉快。

解码微反应

◇浪漫男士选择的皮带

浪漫的男士所佩戴的皮带颜色会稍微丰富一些，在细枝末节处也会有些点缀。纤细的款型和淡彩的颜色搭配，与浪漫的男人一拍即合。

◇经典男士选择的皮带

经典的皮带就如现在的流行风一样，是复古和简洁的，是经典的搭配。比如，经典的黑色皮带与银白色环扣的组合，显示出男人简洁与明朗的本色。

◇时尚男士选择的皮带

奔放、充满活力的男人魅力四射，他们的目光自然会投向那些彰显豪迈个性的饰物上，粗线条的牛仔皮带、皮革编织腰带都是他们的标志。

有时候摇头并不代表“不”

有些人明明是你的伯乐，他很愿意帮助你。可是，你却因为不懂他的肢体语言传递的信息，以致会错了意，错过了伯乐的帮助。比如摇头，一般来说，摇头就是代表“不”的意思。不过，具体到不同的领域与场合，它还会有别的意义。

很多时候，一些动作所代表的含义在人们的心目中早已根深蒂固，成为社会生活中一种约定俗成的观念。人们一看到某个动作，就直观地认为它表示这种含义，而不是根据不同场合与不同领域进行具体分析。

比如，摇头基本含义是代表拒绝。根据某些进化生物学家分析，摇头是人们出生后学会的第一个动作，起源于襁褓中的哺乳时期，婴儿在吃饱之后，用来拒绝奶水或者其他食物。很显然，人们从孩童时候就已经开始用摇头来说“不”了。所以，看到摇头的动作，人们很自然就会觉得那是拒绝、否定的意思。

一天，田冲与上次在饭局中结识的李老板不期而遇。刚打完招呼，李老板劈头就问：“小田，你上次不是说要找我帮忙，怎么一直也没见你来呢？我可是一直在等着你的出现呢！”

听李老板这么一说，田冲不解其意。他不知道李老板葫芦里到底卖的什么药，上次他向李老板提及请他帮忙的事时，李老板明明冲他摇了摇头，而如今怎么又主动提出要帮自己的忙，这到底是怎么回事呢？难道李老板是在说客套话？

但是，田冲又见他一脸真诚，并没有敷衍自己的意思。于是，他便问道：“李老板，我斗胆问一下，您是真的想帮我的忙吗？”

李老板一听，脸色立即阴沉下来，很不高兴地回答道：“你看你这小伙子，我这么大把年纪了说话还能不算话？我是确实想帮帮像你这种有志气的年轻人啊！”

听到这些，田冲更加不解了，便索性把事情弄个明白，于是又问道：“可是，我上次请您帮忙时，怎么见您冲我直摇头啊？我还以为您是在拒绝我，只不过没有口头上说出来而已。所以，我就知难而退，没有再去找过您。难道您当时不是在拒绝我吗？”

李老板终于弄清楚是怎么回事了，便大笑道：“你太不了解我了，摇头是我的习惯性动作，我不仅在拒绝别人的时候摇头，有时候，我希望别人继续讲话时也会摇头，吃到好吃的东西时也会摇头。这么看来，你这个小伙子是不懂心理学，你可以翻翻心理学方面的书籍，那上面对摇头的含义做出了不同的解释。相信看过之后你就不会再单一地去看待我的摇头动作了。”

田冲这下终于明白了，原来是他会错了李老板的意。这一错白白耽误了他这么长时间，不然的话，他早就得到李老板的帮助，渡过如今的难关了。

故事中的田冲就理解错了李老板摇头的含义。当他请求李老板帮忙，但李老板却冲他摇了摇头时，他就认为李老板是在拒绝他的请求。事实上，摇头只是李老板的一种习惯性动作。假如田冲当初能多了解一些心理学方面的知识，恐怕当时就不会对李老板的摇头动作做出主观臆断，认为他是拒绝自己的意思，也就不会把自己找对方帮忙的计划给搁浅了。说不定，他的事业现在已经在李老板的帮助下上了一个新台阶了。

毫无疑问，田冲理解错了摇头的含义，错过了李老板对自己的帮助。从上面的故事中，我们可以得出一个结论：对你摇头的人不一定是在拒绝帮助你，也许他正是想帮助你的人。如果你遇到这样的人，一定要根据不同的情景来做出判断，千万不要片面理解，认为对方是在拒绝自己的请求，否则你就会错过别人的帮助。

解码微反应

◇摇头明显且频率很高

当摇头表示明显拒绝时，人们的头部动作就会左右摇晃得十分明显，而且频率也特别高。这个动作暗含着对说话者非常不耐烦。

◇摇头幅度小且频率非常低

当一个人听另一个人说话时，也会出现摇头的动作。虽然这也是摇头，但摇晃的幅度非常小，频率非常低。这时的摇头并不代表否定意味，反而带着一种暗示，是听者在暗示对方继续说，而他自己暂时没有发话的打算。

◇口头上赞赏你，却时不时地摇头

一个人口头上对你大加赞赏，却时不时地摇头并表示“我一定会考虑你”“我很欣赏你的作品”“我们会合作得很愉快”等。不管他们的态度有多么诚恳，他们的摇头动作都是他们内心消极态度的体现。所以，你应该多留点神。

手背在身后是一种自信的表现

俗话说："人不可貌相，海水不可斗量。"生活中的很多人喜欢以貌取人，看到长得丑，或者言行举止不够文雅的人，他们便投以鄙视的眼光。然而，命运总是喜欢捉弄人，你鄙视的人也许正是你的伯乐。

在生活和工作中，千万不要小瞧那些其貌不扬的人，因为相貌跟能力没有任何关系，如果认真观察对方的微反应，你也许会发现对方可能是一位重要人物。

张旭是一家公司的市场主管。前几天，公司市场部经理辞职了。几天后，公司新招了一位经理。

这位新上任的经理其貌不扬，走路时，躬着背，弯着腰，在上班时，还总喜欢把手背在身后，踱来踱去，让人看了很不舒服。张旭一开始就不喜欢这位新上任的经理，看到他这个举动之后更加反感了。因此，他便有意远离这位新上任的经理，对工作也不认真。他认为这位新上任的经理不可能做出业绩，甚至很快就会下台。可是，他的同事王宇飞却非常喜欢这位经理，只要是经理交代的工作，他都会保质保量地完成。为此，张旭还嘲笑同事王宇飞："就你把他当作经理，执行他的命令。你也不看看他那副熊样。"王宇飞笑了笑，却什么也没说。

时间一天一天过去了。有一天，总经理突然宣布王宇飞任公司市场部经理。大家你看看我，我看看你，不明所以。原来那位市场经理并不是新招来的，而是公司董事长临时代替的，他这样做的目的就是想从公司现有的员工中提拔一位市场部经理。

这件事情以后，张旭很不服气地质问王宇飞："你是不是一开始就知道他是董事长啊，所以就格外讨好他。"

王宇飞笑着说："我最初可不知道这个消息，做好工作是我的职责。不过，我看见他把手背在身后，我就知道他是一个做事谨慎、成熟老练的人，像这样的人很可能做出一番成就。"

张旭听了王宇飞一番话，若有所悟地点了点头。

故事中的张旭以貌取人，对新上任的经理有偏见，对他交代的工作也很懈怠，并且断定这样的经理不可能做出什么业绩来。王宇飞则与之相反，不仅对新上任的经理充满崇拜之情，还对他的安排表现得尽职尽责，并保质保量地完成了他交代的工作。自然，王宇飞得到了新上任经理的信任与肯定。

王宇飞之所以能抓住他的机会，关键在于他注意到了新上任经理将手背在身后的举止。因为他懂得将手背在身后象征着权威、自信与力量。

手是身体的一部分，也是身体语言表露的重要"工具"。通常，手在交往过程中发挥着非常重要的作用，其一举一动可以对语言起着补充说明的作用，甚至可以发挥独立有效的功能。因此，有时候无须语言，手部动作往往就能直接反映出人的感情和欲望。

解码微反应

一般来说，上级对下级、内行对外行都常常会出现跷大拇指这种手势。前辈在面对晚辈时，往往会不自觉地跷起骄傲的大拇指，以此来表现自己的地位和本事。而且通常这种人比较自负。

心理学家研究发现，这种喜欢跷起大拇指的行为与他们的性格和地位有比较密切的关系。通常，性格外向、穿着讲究、有钱有势的人习惯用这一手势；而性格内向、经济状况不佳的人，很少使用这种手势。

乐于助人者才是你的伯乐

人们一般将“伯乐”定义为：那些能耐特别大、路子特别广、关键时刻能帮自己大忙的人。这样的定义虽然谈不上错，但有一定的局限性，因为本领再大的人也有不擅长的领域，而身边看起来不起眼的人却常常能帮你解燃眉之急。

尽管那些位高权重、能呼风唤雨、掌控大局的人能在事业上助我们一臂之力，但是，我们在日常生活中未必能获得他们的帮助，因为有些领域是他们鞭长莫及的。而那些在我们周围的邻里亲朋，当我们遇到困难时，都会伸出援助的双手。这些小人物何尝不是我们伯乐呢？

在日常生活中，真正能够帮到你的人往往就在你的身边。伯乐不在于有多“贵”，而在于是否能帮得到你，能给你带来实实在在的帮助的人才是真正的伯乐。所以，我们在寻找伯乐时，不要好高骛远，因为真正的伯乐往往就在我们的身边。

卫芬是一个很有追求的女人，大学毕业后，她努力工作，希望做出一番事业。可是，不管她怎么努力，事业依然不见起色。经过反思总结，她认为一个最重要的原因就是自己没有遇到伯乐。因此，卫芬开始苦苦寻找伯乐。

在卫芬看来，伯乐就是那些比自己有钱、地位比自己高、能给自己帮助与指导的人，因此，她想尽办法去接触这类人，见到那些有能力的人就眉开眼笑，见到那些开着宝马的人就热情地与其打招呼……而对那些跟自己地位一样，甚至比自己地位更低的人，卫芬则视而不见，甚至还看不起他们。

卫芬有一个表弟由于家境贫穷，出去打工跟人学起了装修。卫芬一直看不起这位表弟，连自己结婚也没有告诉他。

转眼两年过去了，卫芬买了新房，需要装修。可是，她没有接触过这个行业，对装修一窍不通，让别人做又不放心。正好表弟在外从事装修行业已经好多年了，想到这么一个合适的人选，她自然高兴了。可是，一想到自己对表弟的态度，她心里便打起了退堂鼓。但不管怎么样，她还是决定试一试，于是，就请表弟来家做客。

那天，一听到敲门声，卫芬就立即开了门。当她看见表弟两脚并拢、双手背在身后，毕恭毕敬地站在门外时，她心里的石头一下子就落了地。因为从表弟站立时喜欢两脚并拢这个动作，她揣摩出表弟是一个乐于助人的人，肯定不会拒绝帮助自己。因此，当表弟吃过饭后，卫芬便提出了自己的请求。

果然不出她所料，表弟二话不说就答应了，并且在接下来的几个月里为她家的装修忙里忙外、跑前跑后。而她呢，有了表弟的帮忙，不仅放心多了，还省心多了。

3个月后，看着装修完工后瘦了一圈的表弟，卫芬心里真的很不是滋味。她怎么也不会料到，关键时刻竟然是这个不起眼的表弟帮了她的大忙，而平时被她仰视的那些“伯乐”此刻又在哪里呢？从这件事情中，她悟出了一个道理：其实，真正的伯乐也许就在自己身边。只要用心观察，就能从他们的言行举止中发现谁是自己的伯乐。而那些所谓的“伯乐”纵然什么都比自己好，但是对方未必肯帮自己。

悟出这个道理后，卫芬又发现要想做出一番事业，不仅需要得到那些比自己能力强的人的帮助，还要得到那些比自己能力低的人的拥抱。只有这样，方能做出一番成就。

故事中的卫芬就犯了一个常见错误，即总是认为能帮助自己的伯乐是那些位高权重的人，结果，真正给予自己帮助的人却是自己一直忽视，并且看不起的表弟。

虽然寻找伯乐时不以地位尊卑为依据没有错，但是，有一点必须注意：就是一定要识别伯乐与小人。故事中的卫芬之所以能请求表弟帮忙，是因为她通过观察表弟双脚并拢的动作揣摩出表弟乐于助人，断然不会拒绝自己的请求。假如表弟怀恨在心，不喜欢帮助别人，那么他很可能不仅不会答应卫芬的请求，还会将她奚落一顿。

因此，我们在寻找伯乐时，不仅要打破地位尊卑的束缚，还一定要擦亮双眼，寻找到真正能帮助自己的人。

解码微反应

◇自然站立时左脚在前

假如一个人喜欢双脚自然站立，并且左脚在前，左手习惯性地放在裤兜里，则表明这个人的人际关系相对较为协调。他们从来不给别人出难题，其为人也敦厚笃实。这类人给人的第一印象总是斯斯文文的，平常也喜欢安静的环境，不过一旦碰上比较气愤的事，他们也会暴跳如雷。

◇两脚并拢或自然站立，双手背在身后

这类人与别人相处时一般都比较融洽，可能很大的原因是他们很少拒绝别人，从不对别人说“不”。其性格特点是奉公守法，尊重权威，极富责任感，不过有时情绪不稳定，往往令人感到高深莫测，最大的优点是富有耐性，而且能够接受新思想和新观点。

◇站立时双脚并拢，双手自然下垂

这类人一般比较诚实可靠、循规蹈矩且生性坚毅，不会向任何困难屈服。

从捻烟的轻重看出一个人的意志

观察别人吸烟的过程是了解一个人性格的绝好机会。除了吸烟的姿势能反映一个人的性格之外，弹烟灰和熄灭烟的过程中也暗含着一些不为人知的信息。其实，不知你是否注意过，吸烟者弹烟灰和熄灭烟的方式也是千差万别的。

一般来说，吸完烟后用力把烟头捻灭的人，大多意志比较强。用力捻烟头，是为了要让烟头的火在短时间内完全熄灭。从这一点我们可以看出，这类人具有完美主义的一面，即为了实现既定的目标，他们会一直不懈地努力。不过，假如这种性格过强的话，则容易积累较多的精神压力。

接下来，我们再分析一下把烟头折断熄灭的人。这类人就是我们常说的“自由人”。他们具有灵活、变通的思维能力，可以说是“灵光闪现”的聪明人。不过，他们把烟头折断，是急于把火的根源切断，让烟头尽快熄灭。从这个角度来看，他们对人对事没有足够的耐心。

另外，熄灭烟头之后，有的人会把散落的烟灰处理干净，这类人多是规规矩矩、办事一丝不苟的人。也正是因为这样的性格，他们比较容易感受到各方面的精神压力，而“处理烟灰”就是经常出现在他们身上的一种代偿行为。

除此之外，吸烟的过程中，频繁弹烟灰的人往往是“完美主义者”；而在此过程中基本上不弹烟灰，等烟快吸完，烟灰已经积累很长的时候才弹掉烟灰的人，则很可能是出名的“吝啬一族”。在吸烟的时候，用大拇指、食指、中指三根手指捏着香烟的人，大多充满自信而且善于社交。

下面我们就对弹烟灰和熄灭烟的方式进行一下归纳。

1. 频繁地弹烟灰

这类人是完美主义者，不允许犯一点错误，对任何事情都不妥协。

2. 积累很长烟灰再弹掉

烟灰积累了很长也不介意，这类人多少有点迷糊，并且有小气的一面。

3. 用力捻灭烟头

必须把烟头的火完全熄灭，这类人意志坚强，中规中矩。

4. 折断熄灭

这类人思维灵活、变通，但有时会缺乏耐性。

解码微反应

有的人喜欢抽无过滤嘴烟，这类人多诚实可信，为人处世比较脚踏实地，人格魅力很突出，非常值得我们去结交。但他们是很现实的人，不会把时间和精力花费在一些没有意义的事情上面。对于某件事不尽如人意的结果，他们也会感到深深的懊恼。

对你说“不”的人，才值得深交

很多人在与人沟通的时候，都会尽量避免跟他人对立，并觉得这是一种美德。他们认为如果直接说〝不〞的话，便是对他人的不尊重，而且会显得自己不礼貌。其实，避免对立跟美德之间并不能画等号，它们也不是对等的关系。

的确，动不动就跟人闹别扭，扰乱集体的和谐，这种行为欠缺考虑。但是，假如连自己不同意的时候也不开口说“不”，不愿将自己的真实想法表达出来，绝对称不上美德。准确地讲，这只不过是没有个性的“无事主义”而已。至于维持集体的现状，也是为了逃避个人责任找来的借口。而且，为了掩饰这种无事主义的不合情理，还故意拿出“美德”来迷惑大家。

是否能勇敢地说“不”，明确拒绝自己不愿意做的事情，归根结底是一个人的内心是否强大的问题。通常，能对不喜欢的事情说“不”的人大多都是内心非常强大的人。当然，为了跟他人对立而故意说“不”，不属于我们的讨论范围。自己不愿意的时候，能斩钉截铁地拒绝的人往往都有很强的自主性，属于那种拥有自由意志的类型。

敢说“不”的人有着比较发达的自我意识，不仅能够认识到“自己和他人是不同的个体”，而且还能够明确区分自己的自我和他人的自我。

换句话说，这类人之所以能坚决说“不”，与其说是因为不怕跟他人对立，还不如说是因为他们有强大而坚定的自我。在他们的心里，拒绝只不过是在向对方传达："我的价值观和思考方式，与你的价值观和思考方式是不相同的。因为我们本来就是不同的个体，我拒绝也是理所当然的事情。"因此，这类人往往能有一番作为，属于开创性的人才。

与之相反，那些不能果断开口说"不"的人，非常在意别人的看法，有些欠缺自主性。其行为背后的心理是想避免跟他人对立，害怕被周围人拒绝、被孤立在团队之外。殊不知，越是没有主观意识的人，越是没有前途。

再进一步说，这类人因为自我不够成熟，缺乏"自己是自己，别人是别人"这种意识（可能脑海中明白，但很难在行动上贯彻），所以为了不遭到拒绝，他们总是更在意对方或者集体的想法，并尽量忽略自己的想法。

简单来说，他们深信"自己拒绝他人和他人拒绝自己是有关联的"，认为自己对别人说"不"之后，别人也会对自己说"不"。

遗憾的是，在如今的社会大环境下，能坚决说"不"的人越来越少了，即使是有自主性的人，在"大家一起行动才是最好的"或"冲撞上司是不能容忍的行为"这种社会风潮的影响下，很多时候都将到了嘴边的"不"字又勉强吞了回去。

解码微反应

◇经常滔滔不绝谈个不休

这样说话的人一方面目中无人，另一方面好表现自己。这种类型的人大多性格外向。

◇说话比较缓慢

这样说话的人大都是性格沉稳之人，他们就是通常所说的慢性子。

不同开场白，代表不一样的内心世界

在人跟人的交往过程中，许多人在切入正题之前都会先说一些铺垫的话，作为自己的开场白。为什么人们在切入正题前会有各种各样的开场白呢？这些开场白又给我们传递着什么信息呢？

心理学家认为开场白是与他人深入交往的关键环节，其重要性不言而喻。其实，人们之所以对开场白如此上心，从心理学角度来讲，有两个方面的原因：一是说话者认为如果讲话前没有铺垫，恐怕听者会不得要领，因而一再地铺垫；二是说话者唯恐听者不理解自己说话的意图，或者误会自己，而进行很多自认为是必不可少的铺垫。

一般来说，不同性格的人通常采用不同的方式将谈话导入正题，下面就具体分析一下各类开场白所隐含的不同性格密码。

1. 肯定式

这类人对自己所要陈述的观点充满信心，他相信“说出的话就像泼出去的水”一样无法收回，因此他注重说话的实际意义。不难看出，他是一个守信重义的人，没有把握不会轻易许诺，但言出必行。

2. 否定式

这类人大都懂得“最好的防御就是进攻”的策略，因此，他们的自我保护意识强烈，拒绝外力促使下的任何改变。他们有强烈的征服欲望，勇于接受挑战，敢作敢当，但他们的执着常常是“不见棺材不落泪”的固执。

3. 家常式

有些人为了拉近彼此间的距离或消除对方的戒心，常常以亲切的话题开场。这类人考虑问题细致入微，而且安静沉着，但并不是拘谨之人。在聚会时，他们喜欢批评别人，纠正别人的不当，但不会强迫他人接受自己的观点。尽管如此，他们能够做到设身处地为别人着想，所以不会引起别人反感。

4. 冗长式

这首先是源于他们对人的体贴。他们把对方当作纤弱、易受伤害的人，唯恐过于直截了当会使对方产生失落感，甚至成为“脑震荡”。当然，他们也可能是担心不来个冗长的开场白便把要点向对方摆出来的话，对方会误会自己，否认自己的口才，容易给人留下“胸中无墨”的印象。于是，越是想让对方充分了解自己的意图和愿望，往往开场白也就越发冗长。

5. 傲慢式

这类人能够做到“到哪山唱哪歌”，他们是那种能根据环境而改变自己开场白方式的人。他们具有强烈的自卑感和攻击性，在他人面前好用狂妄的口气讲话，自我意识未能完全独立且缺失感强烈。这种为弥补缺憾的心理冲动在一定程度上失去控制时，就会以语气狂妄的形式进行发言来填补其缺陷。

6. 猎奇式

以这种方式开场谈话的人大都呈现支配者的形象。他们的谈话内容从不涉及自己，或自己身边的人。这类人有强烈的猎奇心理，喜欢打听别人的隐私秘闻。在感情生活上，他们很关心对方，甚至极度热爱对方。其实，对方的隐私才是他们最感兴趣的。这说明他们的内心有一种支配欲望。

解码微反应

有些人会反复强调一些铺垫性的开场白，这可能是他们将要阐明的观点对听众或对他们自己来说很重要。由此可以看出，他们应该是很有策略的人，而且还是善于逃避责任的高手。

心理小测试：你的社交能力有多强

日常生活中，我们每天都不可避免地与很多陌生人打交道，如何能够与陌生人愉快地交谈，甚至成为朋友，这就要考验我们的社交能力了。想知道你的社交能力是强还是弱吗？下面来做一个心理小测试吧。

测试内容

请你准备一张纸、一支笔，在纸上画出你心中的太阳，你会把太阳画在纸上的哪一个方向呢？

A. 画在纸的左上方　　B. 先画一座山，再把太阳画在山峦中

C. 画在纸的正中央　　D. 画在纸的右上方

测试结果

选择A：你的企图心强烈，有着乐观的态度，能够奋勇向前、不顾一切往前冲，但一定不可忽视前方的障碍，不要只会一个劲地冲。你的决断力与行动力在同行之中是佼佼者，只不过有时行事太冲动而欠考虑，凡事三思而后行，才不会有太多后悔的事情发生。

选择B：你通常是个性情温和的人，比较缺乏安全感，但因为个性善良，常能得到他人的帮助，也就是说经常有贵人相助。

选择C：你的社交关系不太及格，是因为你对事物的是非有独特的见解及敏锐的判断，从不委屈自己做认为不合理的事，因此常给人不通情达理的感

觉。所以不要太过于傲骨，也要适当地随波逐流。

选择D：你是缺乏主导性的性格，但你总能观察入微、善解他人心意。由于你的细心体贴，常赢得别人对你的信任，而且不论你遇到什么挫折，都能愈挫愈勇，努力克服。

第五章
想寻找真诚的朋友，微反应告诉你真心假意

有句话说得好，朋友多了路好走，可我们总是缺少真正的朋友。那么，如何在结交朋友这条路上找到知己呢？如何在与人见面时知人知面又能知其心呢？或许在你看来这是非常困难的事，但微反应却可以很轻易识破人的伪装，告诉你对方作为朋友靠不靠谱。

察人入微，拒绝成为受伤的那个人

不管哪个人都不敢保证从出生起，就不与人和社会发生纠葛，独来独往。那些所谓的爱恨情仇，都是在有了跟人的交往和纠葛之后才出现的。与人相处的时候，如何才能远离是是非非，让自己少受点伤害呢？

前两天，一个初中同学说："我再也不相信朋友啦，朋友最不靠谱！"

初听这样一句满含沧桑的话，我感到十分惊诧，便问道："怎么有这种感慨？"

原来是朋友设计坑害了他，并且他差点为此而倾家荡产，所以才会发出"我再也不相信朋友啦，朋友最不靠谱"的感慨。

这不禁让我想起在网上看到的一个帖子：昔日里一对情同手足的好朋友，为了竞聘副处长一职，其中一位大姐竟然不顾多年的姐妹情谊，雇凶用硫酸将自己的姐妹毁成了一个连继续生活下去都有困难的人。案件被侦破后，受害方根本无法相信毁了自己一生的竟然是自己相交十多年的好姐妹。

如此来说，被朋友伤害过的人，在以后的生活中对身边的人产生信任危机，是可以理解的。尤其生活在如此浮躁的当下，很多人都无法真正去信任别人。

俗话说："逢人且说三分话，未可全抛一片心。"现实生活中，有一些人也是这样在为人处世的，他们觉得与人相处最重要的是一个"防"字。然而，就因为有这样的观念，人与人之间逐渐形成了一堵由人们自己建立起来的心墙，大家彼此之间你防着我、我防着你，随着冷漠与防备的增加，关爱与热情越来越少。

不可否认，人与人之间确实是有区别的，不可能实现天下大同；人的性情和志趣同样千差万别，不可能跟所有人都成为朋友。对我们来说，有的人就像两条互不相交的平行线，各自向着自己的目的地前进，既不会产生碰撞的火花，也不会产生感情的火花；而有的人却会在我们的生命里留下深刻的烙印，他们包括相知相携的贵人、互相掣肘的对手、相伴终身的爱人。

人要生活就离不开交友，在交友时免不了会感情用事，受情境的影响或迷惑，产生错觉，被朋友欺骗。这就需要我们有识人的本领。那如何才能分辨出我们身边的人是敌是友呢？最关键的是分清跟我们交往的人是以一种怎样的原初状态出现。

因工作的需要而必须与之相处的人，定位为一个工作伙伴即可，彼此之间需要的是合作上的默契与愉快，讲求的是那种实现高效配合的技巧，在情感方面不需要有过多纠葛。只要能愉快地合作，就没必要去在意是否志趣相投，彼此之间应该保持一定的距离。因为在工作中存在着太多的利益冲突，一旦需要在利益面前有所抉择时，人自私的一面就会暴露出来。假如你在发生冲突之前就与之保持了适当的距离，那样你就不会因感情用事而蒙蔽了自己的双眼，就可以清醒冷静地看清楚事态的发展并予以防范，使自己处于有利位置，不至于受到伤害；否则，轻则会遭受情感方面的伤害，重则会遭受致命的一击。

解码微反应

阿谀奉承者在朋友有困难的时候也许会落井下石；锦上添花者可能在朋友的伤口上撒盐；花言巧语者可能为某种目的而污蔑陷害；同心同德者可能会反目成仇；目空一切的人看上去很聪明实际上却很愚笨；鲁莽的人表面上很勇敢其实不是这样……只有察人于微，我们才能不被表象所迷惑。

目光坚定不一定就真诚

当一个人目光坚定地看着你时，可能代表着诚恳，他想跟你真诚交流；也可能代表着谎言，对方是一个撒谎高手。由此来看，目光坚定也要根据具体情况来解读，在不同的情境下有着不同的含义。

大家都知道在人际交往的过程中，当和别人交谈时，我们都会盯着对方的眼睛说话。这么做既是出于礼貌，又表明自己正在认真倾听。然而，经研究发现，即使对方目光坚定地看着你说话，他还是有可能在说谎！

在职场中，你是否也遇到过这种情况，不管你怎么问，对方都故作镇定，并目光坚定地看着你说话。

罗佳是一家公司的行政文员。深得老板的赏识，也很受同事的喜欢。有一天，罗佳一走进办公室，就发现每个同事都用一种怪怪的眼神看着她，还时不时地耳语道："真没想到她是这样的人，竟然用美色诱惑老板。"

罗佳感到不知所措，于是便向自己最好的同事小华询问道："今天，大家是怎么了？"

小华偷偷地说道："你还不知道啊！昨天下班，你走后，李玲就在那里跟几个同事说，老板多发了你五百元奖金，真不知道你跟老板什么关系。"

罗佳一听火冒三丈，立即把李玲叫到办公室外质问道："你跟同事们说老板给我多发了五百元钱，还污蔑我，是不是？”

李玲不愠不火，目光坚定地看着罗佳回答道：“你看着我的眼睛，我绝对没有说这样的话。谁跟你说是我说的，你若是不信就把她拉出来对质。”

罗佳看到李玲那坚定的眼神，心里暗自想道：“难道她真的没有说，或者是别人说的？可是，这件事就只有她跟小华知道，小华不可能会陷害我。”

想到这里，罗佳故意放松道：“是吗，那这么说是我误会你了。”

“你肯定误会我了，不信你可以找人来对质。”李玲依然目光坚定地望着罗佳。而罗佳很快就发现李玲在说这句话时，瞳孔放大。

“好！我去把她叫出来。”罗佳说这句话时，李玲突然一下脸红了。

故事中的李玲在撒谎时，就故作镇定，目光坚定地看着罗佳，避免罗佳识破自己的谎言。然而，略懂行为心理学的罗佳却从她的瞳孔变化中识破了她的谎言。一般来说，一个说谎高手往往也是一个小人，他们说谎就是为了推卸责任，希望找个人来替自己背黑锅。

解码微反应

◇听对方说话时，目光坚定地看着对方

当你讲述一件事情时，对方目光坚定地看着你。这是传递真诚的最佳手段之一，表明对方在很认真地听你说话，并真诚地与你交流。

◇目光坚定地看着对方说话

当一个人跟你说话时，目光坚定地看着你，这不一定代表真诚，他很可能是一个撒谎高手。因为他知道眼神游移会让对方发现自己撒谎的秘密，所以就采取了反其道而行之的方法，避免被对方识破。

◇目光坚定地看着远方

有时候，当一个人遇到困难又不愿被困难打败时，他往往会神色忧郁、目光坚定地望向远方。这时的目光坚定不是代表撒谎，也不是代表真诚，而是代表他正下定决心做某件事。

豪爽大笑的人不可过于信任

有一类人总喜欢豪爽地大笑，看起来似乎没有什么事能难倒他们，一副很可靠、很有气势的样子。实际上，这也许只是一种自负的表现。

几个关系不错的朋友，每当他们决定做一件事时，其中有个人总会豪爽地说："交给我吧！"然后，从他嘴里传出一阵气势十足的大笑。这种人，要是说他不靠谱吧，看起来还挺可靠，但总给人感觉他嘴上功夫比实际能力强。所以，要不要真的把事情交给他做，往往会让人感觉非常纠结。

假如你身边也有这种经常豪爽大笑的人，还是不要过于信任他们。研究发现，这种类型的人，不太愿意对事情进行深入思考。他们的自我意识特别强，很自负，缺乏协作精神，他们是那种自我中心主义的类型。

另外，这类人表面上非常乐于帮助别人，所以不了解他们的人极易相信他们。实际上，他们的本性太过单纯，对事情缺乏深入思考，所以采取的行动都比较鲁莽。信任他们的话，通常不能得到好结果。

这类人的思维方式以自我为中心，性格中缺乏团队精神，如果有机会成为团体的一员，他们很可能会破坏团体的协作性，把事情搞砸。尽管他们不会排挤同伴或背后使坏，但他们会无视同伴，奉行个人英雄主义，一个人单打独斗。即便在别人的协助下做成某事，他们也只会强调自己的力量，而忽视了别人的存在。从本性上来说，他们绝对称不上坏人，但走到哪里都以自我为中心的性格，对身边的人来说，应该是一种“不安因子”。

由于他们常常忽视别人，不愿意肯定别人的功劳，所以也很难得到周围人的信任。从根本上讲，这样的人就像一匹独行的狼。假如你身边有这样喜欢豪爽大笑的人，千万不要推荐给领导。假如领导只看表面重用他们的话，那么恐怕就要出大问题了。

解码微反应

有的人经常嘲笑别人，这类人常有一些不错的主意，但他们往往是作壁上观者，对别人的“拙劣表现”报以讥讽与嘲弄。他们得理不饶人，言辞大多尖酸刻薄，有一种幸灾乐祸的心理，因此对他人的要求常常是苛刻的。事实上，这些人在工作中也往往只会指手画脚，甚至说三道四，缺乏实干精神。因此，通常他们在独立完成某项目时不会取得实质性的发展。

伸手时五指并拢的人不可深交

交友是互动行为，而真正的朋友是相互吸引、相互交流的，不管是开心的事，还是不开心的事，都应该跟朋友分享。假如一方掏心掏肺地与其交往，而另一方却不肯推心置腹，那么他们怎样都不可能建立起真正的友谊。

不管是在社交，还是在生活中，人们在很多情况下，都会有意或者无意地伸出手来，而伸出的五指往往会呈现出不同的姿态，这些不同的姿态又包含着不同的含义。这五指虽然很小，但是却在大脑里占据着最大的“地盘”。美国心理学家桑·费德曼博士通过研究指出：手指的小动作欺骗性很小，往往能把人心透露得八九不离十。因此，只要我们细心观察手指的小动作，就能准确地读懂他人的心理。

丽莎与云洁是同一天进入公司的同事。她们每天一起下班，一起吃饭，一起逛街。时间长了，她们成了一对形影不离的好姐妹。

某一个周末，云洁邀丽莎去她家玩。见到云洁妈妈时，丽莎显得有些拘谨。她虽然很注重礼貌，但总给人一种循规蹈矩的感觉。云洁妈妈心里为此一颤，她看过一些心理学方面的书，书上说一个太循规蹈矩的人往往会因为过度谨慎而耽误大事，在交友方面，也因为不肯推心置腹，所以很难交到真正的朋友。云洁妈妈想归想，但什么也没说。

当云洁的姐姐回来时，丽莎很有礼貌地伸出手来跟云洁的姐姐握手。注意到丽莎伸手时五指并拢，云洁妈妈的眉头不由得皱了起来。因此，她更加确定了自己的想法，认为女儿交的这位朋友并非真正的朋友。

晚上，等到丽莎走后，云洁妈妈问云洁："你跟你的这位朋友平常都聊些什么？"

"我们什么都聊，聊工作，聊生活，聊个人私事等。"云洁兴高采烈地说道。

"有些话还是烂在自己肚子里，别什么都说出来，小心被人骗了！"妈妈警告道。

"妈，你什么意思啊？我小心被谁骗了？"云洁不明所以。

"你今天带来的那位好姐妹，我看她不是你真正的朋友。"

"为什么？你怎么知道？"云洁疑惑地问道。

"你没发现她伸手时五指并拢吗？懂行为心理学的人都知道，伸手时五指并拢的人在交友时，不肯推心置腹，往往很难交到真正的朋友。"云洁妈妈不无担忧地说道。

"妈，你真是老传统，现在哪有这样的说法！"

"你先别急着否定我的观点，你想想你们在聊天时，是不是几乎都是你在说话，而她却很少说话。你现在了解她多少，你知道她交过几个男朋友吗？你知道她家里什么情况吗？"妈妈看了云洁一眼说道。

"好像真是你说的这样，我们聊天时，一般都是我说，而她在听。我还真不知道她家里什么情况。"经妈妈这么一提醒，云洁若有所悟地说道。

"所以，你以后可不能什么话都对她说。"妈妈再次提醒云洁。云洁点了点头。从那以后，云洁很少跟丽莎说自己的事。然而，让云洁没想到的是，过了一段时间后，她的一些个人私事却在公司传播开来。云洁很后悔，可是，后悔已经来不及了。

故事中的云洁妈妈就是通过观察丽莎手指的小动作读懂了她的交友心理，使女儿及时认清了这位朋友的本来面目。一般来说，伸手时五指并拢的人在交友时不肯推心置腹，所以，这类人很难交到真正的朋友。

对朋友不能坦诚相待的人并不值得交往，这种人内心比较阴险，有时他们会利用朋友对他们的信任，谋取自己的私利，还散布谣言，传扬他人的隐私，败坏对方的人格，就如故事中的丽莎一样。云洁由于识人不准，最终被朋友所害。倘若她能早一些读懂丽莎的肢体语言，认清她的真面目，也不至于后悔不已。

解码微反应

◇伸手时，把手摊得很大

这类人为人爽直。他们一般想到哪里就做到哪里，精力充沛，胸襟豁达，不计较小事，不怕失败，即使跌倒了，也能很快爬起来。

◇伸手时，五指微张

这类人诚实稳重，有强烈的责任感。但是，从另一个角度来看，这类人有些胆小，跟不上时代的步伐。

◇伸手时，四指并拢、大拇指单独离开

这类人大多属于出色的社交家，他们富有机敏性，能把握住良机，并且善于运用钱财。

◇伸手时，手指全部伸直

这类人具有丰富的情感，比较感情用事，但他们做任何事情都有始有终，绝不会半途而废、虎头蛇尾。

◇伸手时，手指稍微向内收缩

这类人比较吝啬，经济观念非常发达，属于吝啬型的人物。

◇伸手时，五指全部往外弯成弓状

伸手时，五指全部往外弯成弓状的人感受性很强，学习能力亦佳，而且点子很多。

经常拍打脑后部是重利的表现

大多数时候，拍打头部是表示懊悔和自我谴责，但拍打脑后部还可能有另外一个意思，就是这个人不太注重感情。这样的人也许会跟你成为利益方面的朋友，但绝不可能是同甘共苦的朋友。

每一个人都希望结交那些志同道合的朋友，谁也不希望对方之所以与你交朋友，是因为他可以利用你的某个方面。然而，现实中志同道合的朋友已经太少了，很多人都是在利益的驱使下而结交成朋友的。在一对朋友中，假如一方是受利益的驱使而交友，而另一方却是真诚交友，那么真诚交友这一方自然会受到伤害。

因此，在交友时，我们应该洞察对方交友的动机，判断对方是欣赏自己的为人而交友，还是因为某方面的利益。这就需要我们培养敏锐的洞察力，善于读懂对方肢体动作比如拍打脑后部背后所隐藏的心理秘密。

罗晓东与周乐君是很好的铁哥们。他们只要一有时间，就会聚在一起喝喝小酒、吹吹牛。

有一次，周乐君需要签一个订单，而这位客户恰好是罗晓东的朋友。因此，周乐君便请罗晓东帮忙，请那位客户出来吃饭。

罗晓东拍着胸脯说道："这事没问题，包在我身上。等我安排好后，我就给你打电话。"

周乐君兴高采烈地回到家中，一心等着好友罗晓东的电话。然而，很快一个星期过去了，周乐君也没有等到好友罗晓东的电话。

周乐君有些着急了，便跑到罗晓东的公司来找他。见到罗晓东，周乐君焦急地问道："我那事办得怎么样了？"

罗晓东一见到周乐君，立即拍了一下脑后部说道："哎呀！真对不起，这几天真是太忙了！我把你这事给忘记了。"

罗晓东没把自己托付的事放在心上，这让周乐君很生气，但罗晓东拍脑后部的动作更让周乐君气愤不已。周乐君曾听一个朋友说："一个喜欢拍脑后部的人不太注重感情，他们往往不会把朋友托付给他的事放在心上。这种朋友是利益关系，他之所以选择你作为他的朋友，很大程度上是因为他可以利用你的某个方面。"

后来，经过长期观察，周乐君发现罗晓东只要资金紧缺时，都会来找自己借钱。虽然每次罗晓东都如数还上，但周乐君的心里还是隐隐不快。

故事中的周乐君从好友罗晓东拍打脑后部这一动作中，洞察出了对方不太注重感情的心理，也明白了这并不是一份纯粹的友情。因此，他便多留了一个心眼。经过长期观察，他发现了好友罗晓东交友的真实动机——不是因为志同道合而交友，而是因为他需要自己的资金援助。如果在生活中遇到这种"用人朝前，不用人朝后"的朋友，我们一定要多加防范。

不过，需要注意的是，拍打头的不同部位隐藏着不同的含义。我们在观察身边的朋友时，务必要区分清楚。

解码微反应

与拍打脑后部的人不同，时常拍打前额的人一般都心直口快，他们为人坦率、真诚、富有同情心。在"要心眼"方面，不管你怎么教都教不会他，因此如果你想了解什么秘密的话，这种人是最佳人选。但是，这并不代表他们是一个不值得信赖的朋友。相反，这类人常常替别人着想，很愿意为别人帮忙。

别把“我是为你好”太当真

在生活中，我们总会遇到一些特别爱表达自己的想法或对别人进行说教的人，他们最大的乐趣就是“好为人师”，把“我是为你好”当成口头禅。“他们是真的为我好吗？”似乎不该怀疑，可我们的心里怎么有点不舒服呢？

当别人以“我是为你好”为理由开始长篇大论时，就算我们心中感到不爽，也会忍着不发作，因为毕竟对方是“一片好意”。可是，对方是真心为我们考虑吗？

谁也免不了有几个爱管闲事的朋友，在我的朋友圈里最出名的要数赵姐，她的口头禅就是“我是为你好”。每当我跟朋友们商量事情的时候，她总会煞有介事地发表一些“中肯的建议”。而且，最后总会加上她那句经典的口头禅：“我是为你好！”按理说她一片好意地给我们出主意，我们应该很感激她，但她的话总让人觉得有点不顺耳。

尽管赵姐是好心提供建议，但细听下来，她不过是在披露自己的个人想法，而且感觉上是想把她的想法强加于别人。她只是想以这种形式，在朋友圈里引起关注。

也就是说，这些人虽然表面上是为别人好，但实际上只是想满足个人的欲望。他们的真实想法为：这些都是我从生活中总结出来的经验和知识，请你好好听着！实际上，他们提供的这些经验等信息并不一定适用于别人。

而且，这样的人一般特别爱说话，也非常能说。所以，一旦他们说出“我是为你好”，接下来可能就要滔滔不绝地讲下去了。作为听者，必须要做好心理准备。而且，假如听者不认真听或敷衍了事的话，他们很可能再次搬出“我是为你好”，然后继续讲出更多的“真知灼见”来。

所以，当这样的人开始上“教育课”时，我们最好洗耳恭听。就算心里不爽，表面也要装出虚心接受的态度，还要表现出受益匪浅的样子，最后别忘了说一声“谢谢”。这样一来，对方就会得到满足，也就不会认为我们“朽木不可雕也”。

“我是为你好”这句话，也是上司常对下属讲的。另外，“我年轻的时候……”也具有类似的意味。与其说是想给别人一些有价值的建议，倒不如说是想利用这个机会“诉说自己的人生观”。

解码微反应

想要与人结交，最好的办法就是让对方先接纳自己。那么，是不是要尽一切可能去“套近乎”呢？也可以，不过这只是普通人的伎俩，我们很容易就能识破，工于话术之人一般不会那么直白。

喜欢恭维的人最虚伪，要适当保持距离

日常生活中，大奸似忠的小人往往是最奸诈之人，他们不会说什么谎言，而是处处逢迎拍马、附和恭维，利用他人对自己的信任进行反击。当对手幡然醒悟时，已没有任何招架之力。

一般来说，那些大奸似忠的小人不屑于蝇营狗苟，平时貌似憨厚忠良，伪善做假，欺人惑心，关键时刻才露出狰狞的面目。这种人表面上老老实实，实际上很可能是假仁假义，或是不动声色的超级“马屁精”。如果你不注意留心他的日常行为举止，那么你很可能被表面的假象所蒙蔽。

马超是一家公司的主管，业绩突出却不受经理重视。相反，经理非常重视另一个部门的主管小刘。小刘没什么责任心，对工作很马虎，却被经理提升为主任。

一天，马超去经理办公室向经理汇报工作，不料，小刘也在。马超只好站在一旁等待。小刘具体跟经理说了什么，马超不知道，只见不管经理说什么，小刘都既点头，又弯腰地说：“是，是，经理说得极是。”

马超看到这一幕，很不屑一顾。小刘说完话后，就出去了。马超笑着对经理说：“小刘看起来憨厚老实，感觉还特别忠诚。”

经理一听，双眉不自觉地扬了起来，乐呵呵地说道：“那可不？那一次，我陪客户喝醉酒了，吐得满身都是。你想都想不到，小刘不仅把我背回了家，

给我喝了醒酒汤，还把我的衣服洗了。现在这么好的人真是少见。”

听着经理的赞赏之词，马超终于明白他为什么会重用小刘了。可是，他隐隐约约地感觉不妙，总觉得小刘这是过分的恭维，是因为利益所驱使。

马超本想劝导经理，可是，经理却挥挥手，让他赶快去工作。马超没再说什么，默默地退出了经理办公室。

然而，经理做梦也没想到的是，半年后，他被公司开除了，而取代他位置的却是主任小刘。备受打击的他在这时才醒悟过来，可惜太晚了。

在现代社会，人们越来越会伪装自己，把自己伪装得不留一点痕迹。故事中的小刘就是这样的一个小人，他不仅采取恭维与顺从的态度，满足经理的虚荣心，还假装憨厚忠良，为经理做常人不能做的事，赢得经理的信任。可惜天下没有免费的午餐，假如经理懂一点微反应心理学，从小刘那点头哈腰的举止也能识别他真实的内心世界，也就不会受骗了。

解码微反应

◇恭维时大多深思熟虑，一步到位。此类人大多属于A血型，他们会把有恭维价值的人列出来并严谨挑选，选出对自己作用最大的人，然后制造“邂逅”的机会，把握机会好好恭维一番。

◇恭维时喜欢模仿别人且招数多。此类人大多属于B血型，他们认为人生在世恭维是必备技能，所以他们的大脑就像一张内存卡，存着许多招数，还模仿别人有效的恭维招数。

◇恭维时喜欢“贬低自己，谄媚别人”。此类人大多属于AB血型，他们认为每一个人都喜欢被吹捧的感觉，所以就抓住这一弱点，奉承别人，让自己成为别人心目中的“好人”。

◇恭维时总能一语中的，说到他人心里去。此类人大多属于O血型，他们拥有一条三寸不烂之舌和能言会道的嘴巴，虽然常被旁人嗤之以鼻，但他们却为拥有这种能力而自豪。

主动斟酒的人，或许更值得深交

在公司内部举行餐会的时候，有的人不管对方是上司还是下属，都会主动帮他们斟酒，而有的人则坐在那里等着别人给自己斟酒。这种差异的出现跟性格有关吗？

在酒桌上，那些懂得掌握时机给别人斟酒的人，看上去都是比较机灵和善于处世的人。实际上，在他们内心深处，是担心自己喝多了，在大家面前暴露出本性。

小李所在的销售部本季度取得了很好的业绩，于是全部门举行了一场庆功酒会。在酒桌上，通过观察，小李发现了两个极为有趣的人。一个是平时就很机灵，非常“有眼力见”的张超，看到谁的杯子空了，就会立刻过去帮忙斟酒，礼数特别周到。还有一个叫于涛的，跟张超同年进入公司，但一到酒桌上，除了上厕所外，屁股就没离开过椅子，而且从来都是别人给他斟酒。小李不禁琢磨，这两个人在性格上有什么差别呢？

微反应心理学专家研究发现，主动给别人斟酒的人，往往能够关心他人，不过，在他们心里可能有一个小算盘：我不想因为喝醉而失去理性。比如，在本部门内，他们跟某个人闹过矛盾，因此会担心自己喝醉后借着酒劲把心中的不满和抱怨发泄出来，那样就要得罪人了。也就是说，他们不想把某种感情意识化，只想把这种感情隐藏在自己心里。从这个角度看，这类人是多么冷静啊。

与此相对，那些只等别人给自己斟酒的人，则属于自我中心主义的类型，他们的思想和行为都以满足自己的欲求为第一要务。他们喜欢周围的人照顾自己、奉承自己，但不愿意付出自己的关心。在餐会上，他们从没想过通过给同事斟酒，来增进彼此的感情和改善人际关系。在那样的场合，也许他们只想着自己开心就够了。由此看来，这类人不善于有计划地行动。

还有一种人，他们喜欢自斟自饮，这类人属于个性比较强的类型，他们不喜欢别人对自己指手画脚，非常讨厌自己的步调被打乱。

解码微反应

◇偏爱白酒的人

这类人一般富有社交性，乐善好施。他们也有好好先生的一面，极在意对方的感受，喜欢受吹捧，受人所托无法拒绝。对女性尤其亲切，即使失败也不在意。

在公司或职场中，这类人会因为关照下属而深受下级的爱戴，但他们却很难获得上司的认可。他们是那种愿意为了认同自己的人而奉献力量的人，并且能够在混乱的局面中展现卓越的能力。虽然失败较多，却也容易取得大的成就。

◇偏爱啤酒的人

这类人颇具社交性，与任何人都谈得来，是服务精神旺盛的人。很喜欢去取悦他人，易获得他人的好感。平常也许让人觉得有点冷漠，可是一旦有事，就会显示出体贴之心，因此，颇让对方感激。在金钱方面也是很乐天的性格，不会很在乎。

从吃相看朋友的个性

俗话说“吃有吃相”，从吃饭能看出一个人的特性，是因为一个人的长期生活习惯是无法改变的，这种辨识人的方法通常在交际场上经常会用到。因此，想要了解一个人，不妨从吃相上入手。

与朋友吃饭，是司空见惯的行为，也是我们维系友情的方法之一。然而这看似简单的吃饭行为，其实大有学问，它能让我们更好地了解朋友的个性。

1．经常有聚餐

这样的人一般属于外向型的性格，而且人际关系处理得也比较好。这类人如果不是有某一方面较突出的才能，或者具有一定的权力和地位，就是为人比较亲切、和蔼，或者深谙人情世故，比较圆滑和老练。

2．在外边吃饭把剩饭菜带回家

这样的人非常节俭，不会轻易地浪费任何东西。同时他们也是缺乏安全感的人，总觉得自己在不断地受人剥削，虽然实际情况可能并非如此。

3．喜欢站着吃饭

这样的人对吃并不是特别地讲究，他们会尽力讲求简单、方便，既省时又省力，只要能填饱肚子就可以了。这种人并没有太大的抱负和野心，很容易满足，他们的性格很温和，懂得体贴别人，为人也很慷慨大方。

4. 边看书边吃饭

这样的人吃饭只是为了维持身体的需要，如果不吃饭也仍旧可以活着，那么相信他们会放弃这一件既耽误时间又浪费精力的事情。他们的时间表总是安排得满满的，为了能够做更多的事情，他们不得不想方设法地挤时间。

5. 吃饭速度快

这样的人做任何事情都重视效率，而且也追求速度，他们总是希望在最短的时间内将事情做完，对他们而言，结果比过程更重要。

6. 吃饭喜欢细嚼慢咽

与吃饭速度很快的人恰恰相反，这类人属于慢性子的人，凡事都能以缓慢而悠然的方式来做，这从一个侧面也说明了他们是懂得享受的人。他们的缺点也很明显，那就是没有效率。

7. 吃饭定时定量

这样的人生活十分有规律性，而这些规律如果没有特别意外的事情发生，是不会轻易改变的。他们的生活虽然很有规律，但并不意味着为人处世呆板，相反却可能很灵活。只是无论在什么时候，都具有一定的原则性。

最后，希望你的朋友不是整天吃东西的人，因为一个整天吃吃喝喝的人大多是无所事事的。其实他们并不饿，只是靠不断地吃东西来消除内心的烦躁和焦虑。对这样的人来说，吃东西只是借以打发时光的手段。

解码微反应

◇喜欢吃清淡食物。这类人注重交际，善于接近别人，不愿意单枪匹马行事。

◇喜欢吃甜食。这类人性格一般热情开朗，平易近人，但有些软弱、胆小。

◇喜欢吃煮、炖食。这类人性格温和，和谁都谈得来，常富于幻想，但不愿表现自己，不太容易接近。

◇喜欢吃蒸制食品。这类人性格比较和善，不轻易激动。

◇喜欢吃生冷食。这类人基本表现为对大自然有浓郁的兴趣，比较坚强，但不愿表现自己，不太容易接近。

心理小测试：一道题看透他人的交友原则

朋友，是我们生活中不可或缺的一部分。我们都希望能交上一些好的朋友，所以每个人都会有自己的原则，你的朋友有着怎样的交友原则呢？你自己的交友原则又是什么呢？下面这个心理测试或许可以帮你找到答案。

测试内容

有一天，你在深山里迷路了，忽然在眼前出现了一只兔子，兔子一蹦一跳地带你来到一个鸟语花香的人间仙境，在这个世外桃源中你最想看到的是什么？

A. 和蔼慈祥的老公公　　B. 在家门口嬉戏的小娃儿

C. 正在市集做生意的商人　　D. 在河边唱歌洗衣的少女

测试结果

选择A：你对于交朋友，从来都不强求，不会主动地想和哪一种类型的人在一起，更不会攀龙附凤地交一些和自己生活理念不同的有钱人，你秉承着自然、随兴的交友原则。

选择B：你的个性孤僻，对于交朋友这件事，你不太关心，在人群里，你就像是一个独行侠，不会去管别人的闲事，不希望别人介入自己的生活，周围称得上朋友的人实在是寥寥可数。

选择C：你不会在意自己有多少推心置腹的知己，但是你却努力让自己成为一个交游广阔的人，四海为家，到处都有可以投靠和帮助自己的朋友，你觉得不同的朋友，可以为自己带来不同的视野和生命契机。

选择D：你交朋友的原则是重质而不重量，而且选朋友完全凭感觉，只要自己看上眼的人，就会想尽方法接近对方，和对方成为好朋友，可是如果你觉得不对眼的人，你连看都不会看一眼。

第六章
想在职场中游刃有余，微反应心理学是必修课

职场如官场，需要我们谨慎经营，稍有不慎就有可能“翻车”。如何在上司面前表现得恰到好处？如何与同事友好地相处？如何与下属维持好关系？这就需要在日常的交流中进行维护，而读懂对方的微反应，是你游刃有余的制胜法宝。

用手转笔是上司心里不安吗

在职场中，如果仔细观察某些上司，就会发现无论在公司的内部会议上，还是跟客户谈判时，他们手里都会拿着一支笔转来转去。也许有人就会心生疑问：这是为什么呢？是因为他们感到无聊吗？

其实，上司用手转笔是只有他本人才知道的心理活动。他这样做，不是在打发无聊时光，而是通过用手转笔这个动作来掩饰自己内心的紧张情绪，并使其稍微安定。

陆浩宇是总经理的助理，平时常见总经理用手转笔，他以为总经理形成了这样的习惯，并没有太在意。可是，有一天，他陪总经理一起去见一位非常重要的客户。在谈判桌上，总经理顺手拿起桌子上的笔又转了起来。

站在一旁的陆浩宇看见总经理这一习惯动作，心里顿时焦急了起来。他站在那里急得满头大汗，因为他觉得总经理这样做会给客户留下不好的印象，很可能会丢掉这笔单子。思来想去，他决定俯下身去提醒总经理。

总经理一听，立即将笔收了起来。可是，停止转笔，总经理才发现自己内心有多么紧张。没过一会儿时间，他也急得满头大汗。那位客户有些摸不着头脑，他不知道总经理怎么突然如此着急，心里开始怀疑他们是不是有什么不可告人的秘密。于是就假装好心地说：“你是不是有什么急事，要是有急事的话，我们改天再谈吧！”

总经理深知这位客户的重要性，便极力挽回道：“我没什么事，我们可以继续谈。”

那位客户有些不以为意地说道：“看你急得满头大汗，我们还是等下一次再谈吧！”说完，客户就起身离开了。总经理与陆浩宇站在原地，呆呆地看着客户离去的背影。

“总经理，你先坐一会儿吧！”陆浩宇回过神来，安慰总经理。

“坐什么，回去！以后我谈客户，你别再跟来了。”总经理说完，就气冲冲地走了出去，留下一脸愕然的陆浩宇。

望着总经理离去的背影，陆浩宇怎么也想不通自己到底哪里做错了，难道提醒他不要转笔也错了吗？

故事中的总经理深知这次签单的重要性，为了使谈判正常进行，他只好通过转笔这个动作来掩饰自己那颗紧张不安的心。虽然陆浩宇的善意提醒让他下意识地控制自己的双手，然而，紧张情绪并没有消除，又不能得到掩饰，因此他就露出了紧张不安的情绪。最后不欢而散的结果可想而知。

假如陆浩宇读懂了上司转笔是为了掩饰其紧张不安的心，他就不会提出那样的建议，也许就顺利地签下了那桩单子。

解码微反应

◇转自动铅笔的上司

自动铅笔的笔芯用完了，接下来又会出来新的笔芯，而且粗细总能保持一致。由于铅笔能够反复修改，写错了还可以擦掉重写。因此，喜欢转自动铅笔的上司大多缺乏决断力，优柔寡断，经常处于纠结的烦恼中。

◇转高级钢笔的上司

钢笔的缺点是墨水会用完，还要经常灌墨水，但他们并不介意钢笔的这个缺点。因此，喜欢玩转钢笔的上司是不怕困难或者有点固执的人。

抬高右眉是上司怀疑的表现

在职场中打拼的你，是否用心留意过你的上司曾经不由自主地抬高右边眉毛呢？我们知道双眉上扬是表达欣喜之情，但抬高右边眉毛表示什么意思呢？

美国社会心理学家琳·克拉森曾通过大量相关的试验来考察一个人性格与面部神情的关系。他发现人们很难隐藏或者改变面部的细微变化，而这些变化又最能透露一个人的所思所想。因此，他认为眉毛的细微动作最能透露一个人的心声。

我们都知道，眼睛是心灵的窗户。而在人的脸上，离眼睛最近、关系最密切的非眉毛莫属。因此，有人巧妙地将眉毛称为“心灵的窗框”。因此，在现实生活中，如果我们注意观察，就能了解眉毛因为感情的波动而产生的变化。比如，当一个人心平气和时，眉毛基本上呈水平状；当一个人高兴时，会因为心情愉悦而双眉上扬；当一个人烦躁时，眉毛就会皱在一起……

一天，财务部经理小吴拿着一叠厚厚的文件去向总经理汇报这一个月的工作。他走进办公室时，总经理正忙于批阅文件。

总经理抬头看了他一眼，便示意他先坐一会儿。小吴坐在旁边的沙发上，不由自主地翻了翻自己手里的文件。总经理斜着眼睛看了看他，便继续批阅文件。

过了好一会儿，总经理才招呼小吴递上他的文件。于是，小吴立即递上文件，然后毕恭毕敬地站在旁边。

“这个月公司进账多少？”总经理翻了翻文件，头也不抬地问道。

“一百二十万五千多。”小吴用非常洪亮的声音回答道，颇为自豪。

听到小吴洪亮的回答声，总经理不由自主地抬高了右边眉毛。不过，他很快又恢复了常态，并用十分平静的语气问道：“哦，那这个月公司支出多少？”

小吴很多次都注意到总经理抬高的右眉，但他并没有太在意。这次也不例外，他依然大声地回答道：“五十一万六千多。”

听到小吴的回答，总经理又抬高了右边眉毛，但他依然面不改色地说道：“嗯，不错！继续努力！希望下个月再创佳绩。”

小吴以为总经理是在鼓励他，高兴不已，便乐滋滋地回到了自己的办公室。然而，让他没想到的是，第二天上班，他却接到了被辞退的通知。

小吴很不服气，想去向总经理讨一个说法，但是，却被总经理助理拦在了门外。总经理助理很气愤地说：“你真是一点都不知趣，总经理早就怀疑你了，他一直派人暗中调查你。经过调查发现，你每一次报上来的账目跟实际账目都有出入。”

听到这些，财务部经理小吴一下子瘫坐在地。

故事中的小吴虽然注意到了总经理的眉毛变化，但很遗憾的是，他却没有读懂抬高右边眉毛所包含的意思。其实，抬高右边眉毛传达的信息是介于扬眉与低眉之间，既不是兴高采烈，也不是心情沮丧，这表明他对你说的话持怀疑态度，并没有真正地相信你。

假如故事中的小吴读懂了总经理抬高右眉的含义，早一些发现总经理已怀疑自己了，也许他就能及时地纠正自己的行为，最终也不会被总经理辞退。

解码微反应

不仅绳子能打结，眉毛也会有打结的行为。眉毛打结并不是说两条眉毛真的纠结在一起，它是指眉毛同时上扬且相互趋近。这种表情通常表示这个人有巨大的烦恼和忧虑。

十指相扣，透露着上司心里的不满

面对上司狂风骤雨般的怒火，很多员工都可能感到“丈二和尚摸不着头脑”，心里不服气时，甚至会怪上司不近人情，喜怒无常。也许上司并不是无缘无故地向你发火，而是你自己硬往枪口上撞。

心理学家指出，手势可以反映一个人的情绪。当一个人情绪慷慨激昂时，就会手舞足蹈；义愤填膺时，就会攥紧拳头。因此，在与上司的沟通中，除了认真倾听上司所说的话，还要注意观察他的手势，从他的手势中探寻其真实想法。只有弄清楚上司的真实想法，才能有效地避免撞到气头上，大家才能愉快地工作。

一个销售季度过去了，总经理组织销售部门全体职员开总结大会。他首先总结了上个季度公司的销售业绩与销售利润情况，高度表扬了销售部上个季度所取得的成绩，还当场给“销售冠军”发放了奖金。

在一阵喝彩声过后，总经理定了定神，稳稳地坐在主席台中央，十根手指交叉在一起，放在桌子上，忽然，十分严肃地说道：“虽然我们在销售上取得了一定的成绩，但是我们还有很多不足之处。比如，这个季度仅仅前两个月的差旅费就超出了预算，与同期相比，差旅费增加40%多，以后应该注意控制一下……”

销售主管一边听，一边心里合计着下个季度怎么提高销售额，丝毫没有注意到总经理做出的特殊动作。经过一番思考，他很快就拟订了一个新的营销计划，总结会结束后就交给了总经理。总经理看了看，表示满意。

时光流逝，一个销售季度又过去了。这次的销售利润大幅度上升，不仅弥补了上个销售季度的损失，还超额完成了任务。不过，差旅费不仅没有得到控制，反而又超出10%的预算。

当销售主管把报表递交上去时，总经理看了看，脸色逐渐凝重起来，又摆出了上次开会的姿势，脸上露出僵硬的表情，十指死死地钳在一起，说："这个差旅费的事情是怎么搞的，这么点小事你都管不住吗？从下个月起，取消差旅补贴！你出去吧。"

销售主管"丈二和尚摸不着头脑"，他一边走一边想：总经理这是怎么了？以前我们差旅费经常超支，他从来没有说过什么，怎么今天突然就发这么大火啊？

故事中的总经理在上一次总结大会上虽然从大的方面表扬了销售部，但提到差旅费超出预算时，他十指交叉钳在一起。这个动作表明总经理正在努力压抑自己内心的不满。然而，忙于工作的销售主管却丝毫没有注意到总经理的这一动作，依然我行我素地制订新的营销计划。他虽然取得了一定成绩，但是却忽略了总经理着重强调的事。下一季度时，总经理的怒火已经累积到了一个极限，当他看到这种情况再度出现，甚至还有增无减时，难免会大发雷霆。

解码微反应

有些上司在检查下属工作时，总是喜欢将手背到身后握在一起。这种姿势给人营造一种权威、自信的感觉。有些领导在面对下属时，喜欢将双手背在身后，一只手抓住另一只手的手腕。这个动作表示他内心充满挫败感或愤怒情绪，希望借此动作来找回自控权。

此外，有些领导在说话时，喜欢搓手掌。比如，上司在宣布公司赢利突破几百万大关时，不由自主地搓手掌，这代表他正高兴不已；上司犹豫不决时也会搓手掌。只要站在上司的角度略加思考，我们就能清楚不同情境下的搓手传递了什么信息。

扔眼镜的小动作传达出不悦

鼻子上架着眼镜的人往往让人觉得很有文化气息，不由得心生敬意，因此戴眼镜的上司不在少数。平时大家多关注上司所戴眼镜的款式和品牌，不知你是否注意过上司手中的眼镜？

眼镜被人们架在鼻梁上，不仅给人增添了几分书生气息，而且还是人们用以拖延时间的“法宝”。擦拭完眼镜后重新将眼镜戴上，并拿起相关材料，表明其正在考虑；把眼镜折起来放在一边，将后背靠在椅子上，表明其准备结束谈话；把眼镜折起来并扔在一边，则是否定的信号。

然而，职场中的很多人往往忽略了上司手中的眼镜。如果你略懂微反应心理学，就能发现上司这个小动作里大有文章。他把眼镜折叠起来直接扔在一旁，这扔的动作就直接反映出对方的焦虑与不悦情绪。他要发表的肯定是否定意见。

董翔是一家公司的企划人员，文采出众，颇受总经理的欣赏与重视。总经理鼻子上架着一副眼镜，充满了书生气息，看上去更是平易近人。

有一次，总经理有意识地向董翔传递了这样一条消息：快过年了，董翔只要策划出让公司满意的策划方案，就很有可能被提升为策划主管。

董翔听到这个消息后感到非常高兴，连连向总经理表示感谢。董翔很珍惜这个机会，为了能得到总经理的认可，他连夜做出了年度策划方案，并反复修改了好几次。

过了几天，董翔自信满满地将自己策划出的方案递给了总经理。总经理刚接过文案时，脸上露出欣赏的神情，但没过一会儿，总经理不由自主地皱起了眉头。看完以后，总经理轻轻地将策划案放在桌子上，把眼镜从鼻梁上摘下并折叠起来，然后直接扔到一旁。过了一会儿，总经理说道："你先出去吧，我一会儿交给董事长看看。"董翔走出总经理办公室，脸上依然洋溢着自信的微笑。

转眼就快过年了，在年会上，让董翔备感意外的是，他的同事小李被提拔为策划主管。董翔疑惑不解地问总经理："这是怎么回事？"

总经理有些生气地说："真不知道你这小子怎么搞的！这次年会策划案那么重要，你怎么写出那样的策划案？"

"我的策划案？"董翔一听，立即跑回办公室。仔细地翻阅文件夹，竟发现自己改好的策划案竟端端正正地放在那里。原来他交上去的策划案不过是自己的第一遍草稿。

故事中的董翔如果略懂微反应心理学，当他看到总经理将眼镜折起来，并扔到一旁的举动时，就应该明白这是否定的信号。假如他知道总经理对自己的文案持否定态度，也许他就能从总经理否定的态度中发觉自己拿错了文案，这时他还有挽救的机会。然而，遗憾的是，他一点也不懂微反应心理学，以致最终错失了这次升职的机会。

上面的故事告诉我们：步步高升有妙招，只有读懂上司的肢体语言，才能抓住升职的机会。

解码微反应

我们常常会看见一些眼镜佩戴者将眼镜腿咬在嘴里，这个动作跟叼根烟、咬支笔的含义是一样的，都是表示行为人对安全感的一种渴望。

同事的眉毛会说“悄悄话”

眉毛在面部占有重要的位置，不仅具有美容和丰富面部表情的作用，而且双眉的舒展、收拢、扬起、下垂可以反映出人的喜怒哀乐等复杂的心理活动。因此，眉毛也就成为可以指示人内心变化的参照物。

在博大精深的中华文化中有很多形容眉毛的成语，如扬眉剑出鞘、眉飞色舞、剑眉入鬓、蛾眉淡扫、眉头紧锁、喜上眉梢、柳叶弯眉、眉目传情……这些成语从不同方面描述了眉毛在表情达意、思想交流中的奇妙作用。身在职场，如果你想了解同事的扬眉、皱眉、耸眉等微反应分别代表什么含义，那么请继续往下看。

1. 扬眉

当眉毛扬起时，会略向外分开，造成眉间皮肤的伸展，使短而垂直的皱纹拉平，同时整个前额的皮肤挤紧向上，造成水平方向的长条皱纹。扬眉这个动作，能扩大视野。但同时也要认识到，一个眉毛高挑的人正是想逃离庸俗世事的人，通常会认为这是一个人傲慢的表现。

当一个人双眉上扬时，表示非常欣喜或极度惊讶；单眉上扬时，表示对别人所说的话、做的事不理解或有疑问。

当我们面临某件令人恐惧的事件时，可以用皱眉来保护眼睛，也可以用扬眉来扩大视野，两者都对我们有利，但我们只能选择其中之一。一般的反应是，面临威胁时，牺牲扩大视野的好处，皱眉以保护眼睛；危机减弱时，则会牺牲对眼睛的保护，扬眉以看清周围的环境。

2. 皱眉

皱眉的情形包括防护性和侵略性两种。防护性的皱眉只是保护眼睛免受外界带来的伤害。但是光皱眉还不行，还需将眼睛下面的面颊往上挤，眼睛仍睁开注意外界动静。这种上下挤压的形式，是面临外界攻击、突遇强光照射、强烈情绪反应时典型的退避反应。

至于侵略性的皱眉，其基点仍是出于防御，是担心自己侵略性的情绪会激起对方的反击，与自卫有关。真正侵略性眼光应该是瞪眼直视、毫不皱眉的。最常见的皱眉，往往被理解为厌烦、反感、不同意等情形。

3. 耸眉

耸眉指眉毛先扬起，停留片刻，然后再下降。耸眉与眉毛闪动的区别就在那片刻的停留。耸眉还经常伴随着嘴角迅速而短暂地往下一撇，脸的其他部位没有任何动作。

耸眉所牵动的嘴形是忧伤的，有时它表示的是一种不愉快的惊奇，有时它表示的是一种无可奈何的样子。此外，人们在热烈地谈话时，会做一些小动作来强调他所说的话。当他讲到重要的地方时，也会不断地耸眉。

4. 斜挑

斜挑是两条眉毛中的一条向下垂，一条向上扬，这种无声语言，较多在成年男子脸上看到。眉毛斜挑所传达的信息介于扬眉与皱眉之间，半边脸显得激昂，半边脸显得恐惧。扬起的那条眉毛就像提出了一个问号，反映眉毛斜挑者的怀疑心理。

5. 闪动

眉毛闪动，是指眉毛先上扬，然后瞬间下降，像流星划过天际，动作敏捷。眉毛闪动的动作，是全世界人类通用的表示欢迎的信号，是一种友善的行为。

当两位久别重逢的老朋友相见的一刹那，往往会出现这种闪动眉毛的动作，而且常会伴随着扬头和微笑。但在握手、亲吻和拥抱等密切接触的时候却很少出现。

眉毛闪动除了作为欢迎的信号外，如果出现在对话里，则表示加强语气。每当说话者要强调某一个词语时，眉毛就会很自然地扬起并瞬间落下。

解码微反应

◇眉毛半抬高：大吃一惊。

◇眉毛完全抬高：难以置信。

◇眉毛半放低：大惑不解。

◇眉毛全部降下：怒不可遏。

◇单眉上扬：不理解，有疑问。

◇双眉上扬：非常高兴或特别惊讶。

◇眉头紧锁：内心忧郁或犹豫不定。

◇眉心舒展：心情愉快、坦然。

◇眉毛倒竖：极端愤怒或异常气恼。

手指敲击桌面，代表心里一定有意见

在会议上，当你慷慨激昂地讲话时，有个别同事不仅没有认真听你讲话，还不停地敲击桌面，甚至影响到其他同事，你会如何处理这件事呢？

事实上，用手指轻叩桌面，这是中国茶文化里的一个礼数。通常情况下，当别人给你倒完茶以后，你需用手指敲击桌面代表对对方的尊重。

不过，在当今的社交场合中，用手指敲击桌面所表示的意思就不是礼数，而是可以诠释对方内心情绪的一种肢体动作。比如，当公司总经理在例会上大声讲公司规章条例时，有些员工眼睛盯着某个地方，手指在桌面上不停地敲击着。很显然，这些员工对总经理的话题已经产生了厌烦情绪，且不拥护总经理的观点。

闻静是一家广告公司总经理的秘书。她人如其名，温柔文静，工作负责，深得总经理的喜欢。因此，总经理出差，或者有事不能赶回来开会，就由闻静全权代理。

这一次开会，总经理在外地出差，一时赶不回来，于是便委任闻静代表他讲话。在会议上，闻静慷慨激昂地传达着总经理的意见。然而，就在这时，闻静意外地发现公司的一位主管此时正用手指敲击着桌面，而且敲击的力度还非常大。闻静看了看那位主管，而那位主管却不看闻静，头歪向另一边，依然敲击着桌面。

略懂心理学的闻静见到主管的这种动作，很清楚他对自己的观点产生了抵触情绪，正在表示抗议。他敲得越快，就表明他内心越急躁、厌烦。她环视了一下在场的成员。很显然，主管这一动作影响了会议的开展，每一位成员脸上都露出乏味的神情。大家对主管的举止很不满意。可是，毕竟在开会，谁都不能出来阻止主管的这种行为。

闻静决定会议正常进行，她很清楚这位主管比较势利，不太关注公司的发展，却非常关注自己的工资什么时候涨、涨多少。于是，闻静话锋一转，结束了公司发展的话题，继而将话题转向公司员工待遇的下一步规划。

果然不出闻静所料，那位主管一听员工待遇规划，立马来了精神，停止敲击桌面的动作，全神贯注地倾听闻静讲话。这时，他突然意识到了什么。

闻静见到他这一动作，嘴角露出了一抹不易察觉的笑容。就这样，会议圆满结束。会议结束后，那位主管很不好意思地冲闻静笑了笑。

故事中的闻静遇到了难题，当她在会议上慷慨激昂地讲话时，公司的主管却不停地敲击着桌面。闻静是个聪明的女孩，她明白主管对自己的观点产生了抵触情绪，用这一动作来表达自己的抗议。不过，他这一动作影响了会议的进程，更影响了会议成员的心情。要想阻止对方继续这个动作，消除其抵触情绪，那么最好的方式就是讲他感兴趣的话题。因此，闻静便转移话题，成功地阻止了主管的这种行为。闻静这一举动不仅使会议正常进行，还与主管建立了友好的情谊。

在社交场合中，用手指敲击桌面是诠释对方内心情绪的一种肢体动作。这种动作在不同的情境下有不同的意思。比如，当领导手指敲击桌面，并且敲击的力度很大，那么就说明他此时思考的问题十分沉重，他用这个动作来减轻压力。

解码微反应

◇双手摊开放在桌面上：表示很放松，心里已经接受了对方。

◇一手握拳，另一只手的手掌拍击拳头：表示拒绝。

◇手不停地摆弄近旁的某些东西：表示心里紧张不安，或者表示心不在焉，漫不经心。

◇两手的指尖交叉放在下颌的下面：表示我很自信。

◇把双肘支在桌子上，两手交叉：表示拒绝。

抓挠耳朵，十有八九是心里焦虑

跟人交谈时，很多人都有抓挠耳朵的习惯，殊不知，这个动作给人的感觉是这个人很紧张、很焦虑。因此，我们的手最好不要持续地在耳朵周围“转悠”，以免暴露了自己的心事。

在生活中，我们常常会看到这样的场景：父母在屋外骂孩子，而孩子在自己的屋里用两只手堵住耳朵，代表的意思是他不想听到父母骂他的声音。而成人在不想听别人说话时，一般不会用手堵住耳朵，而会抓挠耳朵！

微反应专家发现，成人在抓挠耳朵时，会抓挠不同的部位，而抓挠不同的部位对应不同的意思。下面，就让我们跟职场达人一起来解读同事抓挠耳朵的密码吧！

1. 把整个耳郭折向前盖住耳洞：我不想再听下去了

如果在你和同事交谈的过程中，对方把整个耳郭折向前盖住耳洞，那么你最好立刻停止目前的谈话，因为对方的这一动作正在告诉你：“我不想再听你说了，我已经听得够多了。”

用耳郭盖住耳洞，是直接阻止不愿意听的话进入耳朵的表现，是所有抓挠耳朵部位中最直接传达不耐烦信息的动作。例如，在电影中，我们常常看见这样的情景，女主人公去相亲，可是相亲对象不是她喜欢的类型，而且是个话痨，女主人公常常一面看着对方假装微笑着，一面把整个耳郭折向前盖住耳洞，耳朵里有“嗡嗡”的响声。随后，对方的声音越来越远，女主人公只看到对方的嘴在不停地一开一合，而听不见任何声音。

当然，这其中加入了电影语言，人的主观感觉被很具体地传达了出来，但是却更形象生动地传达了人的感受和内心活动。如果同事在你说话时做出用耳郭盖住耳洞的动作，你最好及时转移话题或者停止交谈，否则很容易给对方留下喋喋不休的印象。

2. 用指尖掏耳朵：非常不屑

你正在热情高涨地说着一件事情，而同事却把指尖伸进耳道里掏耳朵，如果你观察到这个动作，你一定会非常不悦，因为这个动作表示对说话者的不敬和对话题的不屑一顾。这时，你可以很礼貌地提醒对方：“您在听吗？您有什么看法？”如果对面坐着的是领导或者前辈，你就应该考虑转换话题或者给对方发言的机会，因为对方的心思不在你的话题上，继续说下去也是无效交流。

3. 不停地抓挠耳垂、耳背：我很焦虑

刘丹是个非常细心的人，她总能时刻观察到周围人的动作变化并解读出其中的意思。有一次，刘丹在工作之余抬头看了一眼周围，发现背对着她坐着的小崔正盯着电脑，不停地抓挠耳背。

于是，刘丹悄悄走到小崔跟前，询问他是否需要帮助。原来小崔对图片处理还不熟练，遇到了一个技术难题，半天没有搞清楚。后来，刘丹三下五除二就帮小崔把这个问题搞定了。就这么一个顺手的小忙，刘丹赢得了小崔的友谊，因为其他同事都是自顾自地，没有人察觉小崔的问题并伸出援手。

刘丹只看了小崔一眼，看到的还是他的后背，她是怎么判断出小崔遇到了困难呢？相信各位都已经猜到了，对，就是小崔那个不停地抓挠耳朵的动作泄露了秘密。

刘丹的老公对行为学很感兴趣，他曾告诉刘丹：“人们在心中焦虑时总会有不停抓挠、不停在座位上乱动等动作，这持续的小动作正反映出对方焦躁不安的内心。这时，如果你能看出其中的端倪，主动询问对方，主动帮助对方，使对方顺利渡过焦虑困境，你和对方的距离将会大大拉近。”

4. 摩擦耳郭背后：非礼勿听

假设你是一个电脑销售人员，你对一个顾客说：“这款电脑配置高，双核的，2G的内存，300G的硬盘，而且只要9000多块钱……”这位顾客看了一眼电脑，下意识地用手指摩擦了一下耳郭背后，把头转向一侧，说：“我再考虑一下。”

这时，如果你继续游说对方买这款电脑，结果很可能是不会成功的，因为对方摩擦耳郭背后，表示听话人“非礼勿听”的意图，他想通过摩擦耳朵来阻止这些话进入自己的耳中。

而在日常工作中，假如你们部门开工作会议，你正在发表意见时，某位同事侧着头用手指摩擦着耳朵，这个动作代表的意思是对方对你现在表达的观点持相反意见，他正酝酿着发表自己的观点。这时，你应当给对方发表意见的机会，否则大家很难达成共识。

解码微反应

就算是耳朵痒，也不该在和对方交谈时挠，因为抓挠耳朵的动作很容易让对方有负面的感觉。如果真的痒得不行，也要趁对方不注意时迅速地抓挠一下耳朵发痒的部位，或者在捋头发或者变换坐姿的同时顺便抓挠一下耳朵，而不要让你的手持续地在耳朵周边“转悠”，那样很容易让别人误会。

表面不在乎，心里也不在乎吗

在工作中，我们不仅要重视那些能够看出来的面部表情，还要重视那些“没有表情”的表情。如果你得罪了同事，而对方却一脸满不在乎的表情，那就说明事大了，你有必要好好解释一番。

有一句话说：“脸上的表情，天上的云彩。”这句话说来颇有道理，因为表情在大多数时候确实是内心的晴雨表，反映着一个人内心的真实想法。只要我们细心观察，就能从一个人的笑容中看出他的开心和快乐，从一个人的怒容中看出他的愤怒和不满，从一个人的愁容中看出他的哀愁和伤心……

是的，我们可以对一个人流露出的明显情绪做出判断。然而，如果一个人的脸上没有任何情绪变化，我们该如何对其进行解读呢？

李英是一个十分聪明的女孩子，她为人和蔼可亲、处世圆滑，不管遇到什么问题，都能巧妙应对，因此，深得同事们的喜欢。

有一次，她跟同事小张一起去见一位非常重要的客户。由于同事小张不小心说错话将客户得罪了，给公司造成了很大的损失。李英非常生气，把同事小张狠狠地指责了一番。

李英一向和蔼可亲，这是她有史以来第一次如此严厉地指责一个人。由于当时情绪过于激动，她说了很多难听的话，加上自己正在气头上，她只顾着撒气，却一时忘了注意同事小张的神色。等慢慢冷静下来以后，她才发觉自己说的话有点严重了，于是就赶紧去找小张。她以为小张此时也正在抱怨自己，气愤不已。没想到，她见到小张时，发现小张的脸上一点表情也没有。

李英见到小张满不在乎的表情后，心里更加忐忑不安了。她知道小张脸上这种看上去满不在乎的表情，其实是内心强烈不满的表现。如果不能及时消除她这种不满的情绪，她恐怕马上就会爆发，到那时，同事之间的关系就会弄得尴尬不已。

读懂了小张的表情后，李英赶紧转变自己的态度，一改刚才那苛刻难听的话语，马上用温和的语气说道："对不起，刚才是我太鲁莽了，说了很多难听的话，希望你别介意。其实，我知道你也不是故意的。假如你心里有什么不满，就说出来吧！说出来，心里会好受一点。"

听李英这么一说，小张开始滔滔不绝地陈述自己的理由，而脸上的表情也随着她的"发泄"而渐渐舒缓了很多。等小张的表情恢复正常以后，李英估计小张的怒气也释放得差不多了。于是就对这次工作失误及时地做了一个总结。一场同事之间可能爆发的危机就这样化解了。

很多时候，满不在乎的表情绝对不是真的不在乎。就像故事中的小张一样，表面上一副满不在乎的表情，其实很有情绪。假如李英没有读懂小张满不在乎的表情背后所隐藏的含义，那么她就不能及时消除小张的不满情绪。等小张情绪爆发以后，同事之间的友好关系也就会破裂。

其实，懂心理学的人都知道，满不在乎的表情实际上是内心强烈不满的表现。因此，我们不仅要重视那些"没有表情"的表情，还要学会从中解读其背后的真实情感，不让自己被这种潜在的表情欺骗。

解码微反应

通常，脸上满不在乎的表情可能隐藏着两种含义：

◇意味着内心强烈不满

当一个人的愤怒达到一定程度时，他的脸上不会呈现任何的怒容，而会毫无表情。这是一个临界点，如果再任由其发展下去的话，下一刻也许就是他爆发的时刻。

◇意味着极端无视

在某些时候，面无表情也是一种无视的表现。假如一个人对某个人、某件事极端无视，那么他的脸上会毫无表情。因为他根本不把眼前的人或事放在眼里，完全当他们不存在，所以也就不会对“不存在”的事物流露出任何表情。

走路沉稳的下属，给人一种务实的感觉

上司提拔谁，绝不是无缘无故的，而是有他自己的考量。作为一名上司，要提拔一个副经理，在走路沉稳与走路匆忙的人中，你会选择谁？

每个人走路的样子千姿百态，各不相同，给人的感受也各个相异。走姿除了能显示自己的教养与风度之外，还能表露出一个人的心理活动。人的性格与行动有着很大的关系，从一个人走路的姿势就可以推断出其当时的心理状态。

蒋乐兵与郭世平是同一天进入公司销售部的同事。蒋乐兵比郭世平大一岁，不管遇到了多么重要紧急的事，他都是不慌不忙的。在工作中也一样，他对待工作总是不温不火，一副慢吞吞的样子，即使别人说什么，他也不会太在意，更不会加快自己做事的速度。销售部每个月都要制订销售计划，蒋乐兵的销售计划总是那个数值，并且基本上都能如数完成。

相对来说，郭世平更加充满活力、喜爱运动，即使都穿西装、打领带也比蒋乐兵精神得多。每个月在制订销售计划时，他总会多写一点，即使完不成，他也觉得那是一种激励。

蒋乐兵与郭世平都很敬业，但郭世平的工作业绩却比蒋乐兵高出很多。一转眼，新的销售年度来了，销售经理被一家猎头公司给挖走了，副经理晋升为

经理，需要在下面的员工中提拔一名副经理。大家都争先恐后地递出申请，而蒋乐兵却像什么事也没发生一样，随便写了一份自荐信交差了事。

晋升的经理仔细认真地看了这些申请书，他从中挑出两份，一份是蒋乐兵的自荐信，另一份是郭世平的申请书。经理仔细作了对比，他很清楚郭世平的能力高于蒋乐兵，但作为副手更需要的是务实。于是，他便着重考察两个人谁更务实。

通过仔细观察，经理发现蒋乐兵走路沉稳，郭世平走路匆忙。因此，蒋乐兵总是走在郭世平后面，好像郭世平在等蒋乐兵一样。经理由此断定，蒋乐兵更务实，于是，便提拔蒋乐兵为副经理。

接到任命通知，蒋乐兵感到疑惑不解，于是就去问经理为什么没有提拔郭世平。经理笑着说："务实的工作态度是作为一个副经理必不可少的条件，从你们的走姿中，我发现你走路沉稳，比较务实，而他走路匆忙，做事更讲效率。"

蒋乐兵这才恍然大悟。

一般来说，走路沉稳的人更务实。他们是典型的现实主义者，凡事都讲求稳重，做任何事情都是"三思而后行"，绝不会好高骛远、不切实际。故事中的蒋乐兵就是这样的人，上司之所以会提拔他，就是因为他通过观察蒋乐兵沉稳的走姿，揣摩出他务实的工作态度，而副经理这个职位正是需要这种务实的工作态度。所以，在务实的蒋乐兵与能力强的郭世平中间，他选择提拔蒋乐兵。

解码微反应

◇走路低头

有的人走路的时候总是拖着步子，把两只手插进衣袋里，头常常低着，只埋头拉车，不抬头看路，不知道自己最终要去哪里。这样的情形表明行为人往往是碰上了难以解决的问题，到了进退维谷的境地。很多快要走入绝境的人常常有这样的表现。

◇小碎步、快节奏走路

这类人多是保守而又呆板的人，他们的步伐通常很快，常常走小碎步，手臂的动作也是非常机械而呆板的。

心理小测试：你的职场处事能力如何

职场是一个关系复杂的场所，要想处理好与上司、同事以及下属的关系，是需要智慧的。在日常的工作中，处事能力显得非常重要，不仅事关个人的发展，更是维持好职场人际关系的关键。想要知道你的处事能力如何，赶紧来做下面的这个测试吧！

测试内容

上班的路上，你远远地看见前面围了一群人，像是发生了什么事情，但由于距离较远，你无法看清楚，但却有种不祥的预感，你的直觉告诉你这会是什么事呢？

A. 交通事故　　B. 路人打架

C. 抓住了小偷　　D. 发生了命案

E. 非法集会　　F. 商业活动

测试结果

选择A：你行为上较为直观，属于循规蹈矩的类型，遇到问题会根据自己的逻辑来处理，但大部分时候，需要别人的帮忙，才能更好地解决问题。因此你必须在职场上处理好人际关系，在困难的时候，才有人及时给你帮助。

选择B：你在职场上经常遇到一些问题或者小人，直接影响你的情绪和工作效率，当问题过于严重时，你会采取偏激手法来解决，比如同别人争执或者直接辞职，这显然不是好办法。当你遇到问题，应该想想问题的根源，想办法去解决，而不是一味做出不合理的举动。

选择C：你属于聪明反被聪明误的人，吃不了一点亏，事实上你很精明、很善于观察别人。当工作上遇到问题时，你很会把困难推给别人，时间久了，别人会觉得你特别有心计，因此真正发生大问题时，很少有人会站在你这边。

选择D：你属于职场上的老好人，遇到什么问题，都会想办法去解决，不想麻烦别人，但一个人的力量有限。当遇到过多的事情，你一个人无法解决时，可以请教上司或者同事帮助，不需要什么事情都往自己身上扛。

选择E：你善于交际，很会讨好人，因此有着良好的人际关系。当工作遇到麻烦时，你会得到别人的帮助。但你过于依赖，本身欠缺实力和竞争力，一旦与别人利益发生冲突时，你往往成为别人的牺牲品。因此你必须加强自身的实力才能在工作中取得更好的成绩。

选择F：你为人乐观、开朗，经常抱着侥幸之心，对问题看法过于表面和肤浅，遇到问题通常会采取得过且过的逃避方式。因此你应该学会正视问题的根源，从而采取有效方法来解决。

第七章
签约客户时，看透其微反应是成功签单的必杀技

所谓“知己知彼，百战不殆”，就拿做销售来说，就是要揣摩对方的心思，只有知道对方的底线，才能更好地成就一单业务。谈判时对方肢体所表现出来的各种微反应代表着不同的含义。读懂这些微反应，你就能掌控整个谈判过程，从而赢得客户的订单。

不同握手方式透露客户不同的性格

握手，是现代社会中人与人交往的一种较为普遍的礼节。心理学家指出，一个人握手时所采用的方式很能表现出他的个性，不同的握手方式可以反映不同的性格。

握手并非人们想象的那样只是个简单的动作，握手的同时可以从中发现很多潜在的信息，从握手时微反应的变化中能够有效了解一个人的内心世界。

1. 碎筋裂骨型

握手时，紧握对方手掌，用力挤握，令对方不自在。这类人大都精力充沛，自信心强，为人则偏于专断独行，但组织能力及领导才能都很突出，是领导型的人物。

2. 沉稳专注型

握手时力度适可，动作稳实，双眼注视对方。这类人个性坦率、坚毅，有责任感而且可靠，思想缜密，善于推理，经常能为人提供有建设性的意见，每当遇到困难时，总能迅速提出可行的应对方法，深受人们的喜爱。

3. 漫不经心型

握手时只轻柔地触握。这类人随和豁达，绝不偏执，颇有游戏人生的洒脱，而且凡事喜欢人云亦云，谦和从众。

4. 双手并用型

握手时习惯用双手握住对方的手。这类人热诚敦厚，心地善良，对朋友最能推心置腹，爱憎分明。

5. 长握不舍型

握手时握住对方的手久久不放。这类人情感丰富，喜好结交朋友，一旦建立友情，则忠诚持久。

6. 用指抓握型

握手时紧紧抓握而掌心不与对方的手接触。这类人个性平和而敏感，情绪易激动。他们心地善良且极富同情心，胸怀宽广。

7. 上下摇摆型

握手时紧抓住对方的手，上下不断摇动。这类人极为乐观，对人生充满希望。他们的积极热诚使他们经常成为中心人物，深受人们的喜爱。

8. 回避握手型

有些人从不愿意与人握手，他们个性内向羞怯，保守却执着。这类人不轻易付出感情，但只要建立起友情之后，便会情比金坚，对朋友是如此，对爱情亦然。

9. 保守型

这类人握手时，手臂不愿长伸，肘的弯度成直角，手逼近身子，充分显示出谨慎、保守的性格。

10. 草率型

视握手为例行公事。这类人一般缺少诚意，做事草率，不值得信赖。

11. 紧贴型

一直握着对方的手，直到把话说完。这类人办事拖拉，且无头绪，但为人热情。

12. 掌心出汗型

这类人大多属神经类型，他们在握手时，非常紧张，掌心有些潮湿，表面上看，他们态度冷淡、神情漠然，看似平静，一副泰然自若的样子，其实他们的内心是极不平静的。只是他们懂得用各种方法，比如语言、姿势等来掩饰自己内心的不安，避免暴露缺点或弱点。

他们看起来是一副非常坚强的样子，所以在他人眼里，他们就是一个内心强大的人。在比较危难的时候，人们可能会把他们当成救星，但实际上，他们也极其慌张，甚至慌乱的程度比其他人还要严重。

13. 掌心干燥型

这类人通常比较沉着内敛，个性属于有耐力但顽固的类型，会坚持自己的想法，不会轻易接受别人的意见。

解码微反应

处于优势地位的人与人握手的时候会把手掌向下。在他们看来，他们是绝对的领导者与支配者。有超过八成的领导者或者强权者会采用把手掌朝下的方式与别人握手，他们一直认为自己处于优势地位，也应该使用这种握手动作。

研究表明，这些把手掌向下进行握手的人都有一个共同的特点，他们与生俱来就具有很强的占有欲望，对新事物的接受能力非常强，在实际生活中，看到更多的是他们强权的一面。

嘴部动作，揭露谈判时的口是心非

谈判就像打仗，充满了尔虞我诈，谈判时对手说的每一句话都可能带有目的性。那么，如何来识别对方的意图呢？如果你懂微反应，请注意对方的嘴部动作，这将是真实的内心写照。

生理学告诉我们，人的脸部肌肉会随着感情的变化而变化，尤其是眼睛和嘴部的肌肉，根据嘴角弧度的不同，嘴部的动作多种多样，不同的嘴部动作反映了不同的心理活动。科学家发现，人的嘴部动作是不会撒谎的。所以，即便是言语上别有用心，但肢体语言却很难配合做出伪装。那么，不同的嘴部动作代表着怎样的心理活动呢？

1. 咬嘴唇

在生活中，人们咬住嘴唇是释放压力的一种方式，当人们心有愤怒或怨恨，却又苦于无处发泄时，常常以此来表达自己内心的不满和紧张。而在谈判中，如果对方时不时地咬嘴唇，则是缺乏自信的表现。这个动作的出现意味着谈判双方的实力差距将逐渐加大，咬嘴唇的一方已经开始认输，有妥协退让的趋势。

2. 抿嘴唇

当人们面临压力时，一种常见的反应是藏起或拉紧自己的嘴唇。随着压力越来越大，原本丰满的嘴唇会逐渐变得扁平，此时情绪和自信也跌至谷底。谈判中，对方如果紧紧抿着嘴唇，表明他内心主意已定，会咬紧牙关坚持自己的条件，绝不会轻易退让。如果对方的目光总是在回避我们的目光，则说明他们内心有不能言说的事情，所以抿着嘴巴，防止泄露信息。

3. 舔嘴唇

当人们面临巨大压力的时候，通常会感到口干舌燥，于是会用舌头不断地舔舐嘴唇，以便让它湿润一些。同样的道理，当人们感到不自在或者心理紧张时，也会用舌头反复地摩擦嘴唇，以此来安慰自己，并试图使自己镇定下来。不过，在与客户谈判中，过多地舔舐嘴唇并不是自信的表现，这往往说明行为人心理紧张。

4. 噘嘴唇

噘嘴唇是指嘴向上噘起，当一个人的嘴唇往前噘的时候，往往表明他心存不满情绪或者不同意见。如果在谈判中，对方噘嘴唇则表明对方对你提出的条件并不认可，是表达异议的一种方式，同时也表明对方在等待你调整策略。

5. 嘴部张开

嘴巴张开是倦怠的反应，表明对方对所处的环境有负面情绪，可能是厌倦或不肯定。也可能表示对方对讨论的话题摸不着头绪。如果谈判陷入沉默，忽然有一方身体靠近桌面，嘴部微微张开，就表明他们已经在内心充分准备，想要继续表达看法。而如果对方没有充分准备就急于发言，则暴露出他们直率、冲动的性格，他们大多是谈判中的主动者。

这些嘴部动作有助于我们更好地谈判，但需要注意的是，在谈判中，观察对方的种种肢体动作时，如果对方动作生硬，非常不自然，我们就要提高警惕，因为这些动作很可能是对方在谈判中为我们设置的陷阱。

此外，还要注意对方动作和语言的协调性。如果在谈论一些微小的细节的时候，对方却做出十分夸张的动作，那么很可能是故意为之，有欺骗的意图，我们就要仔细辨别他们表达情绪的真伪。掌握了这些，我们才能在谈判时游刃有余。

解码微反应

◇双唇薄而略干燥，唇角常常下垂，说明这类人性格属于忧郁型；

◇双唇富有弹性且较为丰满，但唇角也是下垂的，说明这类人性格较为暴躁；

◇唇角经常翘起，说明这类人性格较活泼，性格属于积极型；

◇双唇平直，说明这类人性格多恬静，气质是平稳的；

◇上嘴唇较丰满，说明这类人比较被动；

◇下嘴唇较丰满，说明这类人比较主动。

闭上眼睛听，意味着客户正在做选择

视线能够展示各种各样的感情，比如诚意、信任感、依赖感、敌意等，都可以通过一个人的视线传递出来。为了不让别人看穿自己的心思，有些人在谈话时会刻意闭上眼睛。

孔子曰："观其眸子，人焉瘦哉！"意思是说，想要观察一个人，就要从观察他的眼睛开始。俗话说"眼睛是心灵的窗户"，可见眼睛是最容易泄露心思的部位。可是，如果对方闭上眼睛，我们还能了解对方的想法吗？

在跟客户沟通的时候，个别客户会闭着眼睛听，这时我们往往会有些不知所措，担心对方是否在听自己说话。那么，客户到底有什么打算，为什么不睁开眼睛听人说话呢？

一天，销售代表张凯去和客户谈生意，来到客户公司和负责人见面后，张凯就开始介绍自己的产品。在谈话过程中，那位负责人向后靠在椅子上，还把眼睛闭了起来，一副很惬意的样子。张凯心里感到非常不安，他想："我这样热心地为你介绍，你到底有没有认真听啊？"

实际上，当一个重要的项目摆在面前时，尤其是需要做决断的时候，人往往倾向于闭上眼睛听人说话。

当一个人一头热地说话时，对方却闭起了眼睛，很容易让人怀疑：他是不是对我的话不感兴趣？在上面的案例中，我们可以这样理解：负责人一直在专心听张凯说话。也可以说，正是因为很重视、很认真，所以才会闭起眼睛边听边思考。

凡是想集中注意力或者做出重大抉择的人，都不想被外界信息扰乱心绪，于是他们会有意识地采取遮断外界干扰的行为。常用的手段就是闭上眼睛，遮断视觉信息。特别是面对重大项目需要做出决断时，决策者闭起眼睛来思考是很常见的现象。这恰恰说明他的态度非常认真。

另外，在沟通的过程中，假如对方闭上眼睛，他们有可能是在认真倾听、认真思考，但也有可能是不想让说话者猜透自己心思的一种防卫手段。因此，前面例子中的负责人闭着眼睛听，也有可能是在思索对自己公司更有利的对策，并等待反驳的最佳时机。

由此来看，客户在倾听的时候闭上眼睛，可能有两层含义：

一是通过遮断视觉信息，集中精神听对方说话；

二是不想让对方通过眼睛了解自己的意志或想法，属于一种防卫手段。

解码微反应

◇客户眼珠转动快速

这类人第六感敏锐，反应迅速，能迅速地看透人心。他们往往特立独行，有情绪化的性格。

◇客户眼珠转动迟缓

这类人身体五官感觉迟钝，感情起伏不是很大，不易受他人影响。

◇客户眼睛往下垂

这个动作有轻蔑对方之意，或不关心对方。这种动作的行为人一般个性冷静，本质上只为自己着想，是任性的人。

踮脚尖，表明客户对谈判很满意

当客户的话语让你捉摸不透时，你有没有注意他的肢体语言，尤其是脚部的身体语言，也许从这里你能找到期待已久的答案。微反应专家认为，当一个人情绪反应积极的时候，他的脚也会跟着兴奋起来。

尽管人的腿和脚距离人的大脑比较远，但很多时候它们的反应确实能反映人最真实的心理状态。根据英国心理学家莫里斯的研究，人体中越是远离大脑的部位，其可信度越高。也就是说，人的腿和脚做出的动作，更能真实地反映一个人内心的态度。如此说来，脚尖距离人的大脑最远，那它所反映出来的肯定是一个人最真实的心理状态。

一些心理学研究发现，假如一个人的情绪高涨，身体就会不自觉地做出背离重力方向的动作，比如脚尖着地、脚跟抬起或者脚跟着地、脚尖抬起，这都是情绪积极的表现；相反，如果人的情绪不高，甚至兴趣全无，身体就会不由自主地横向移动，或者干脆选择离开。如果你仔细观察客户的脚部动作，很可能会发现意想不到的秘密。

唐斌是一家咨询公司的市场经理。有一次，公司有一位非常重要的客户需要去洽谈。总经理便把这个任务交给了市场经理唐斌。

唐斌按照约定的时间早早地来到了约定的地点——一家高档的咖啡厅。一见到客户，他非常热情地与客户握手，给客户留下了良好的第一印象。待双方坐定后，唐斌便将公司的资料与自己的名片一并递给客户，并详细讲解公司的业务流程。客户一边看资料，一边乐呵呵地说："早就听闻贵公司管理制度非常完善，今天听你这么一介绍就知道果然名不虚传，能与你们合作真是一大幸事。"

唐斌听客户这么说，心理自然乐开了花，也笑着说道："是啊！我也早听说李总您了，今天能跟您面对面地交谈，也是我的一大幸事啊！既然如此，那您看我们的合同……"

客户摆了摆手说："不急，不急！我们先喝喝咖啡，聊聊天。"

客户这句话让唐斌捉摸不透，他不知道客户心里到底是怎么想的。就在唐斌百思不得其解时，他突然注意到客户的双脚。他发现客户坐在椅子上，脚尖踮起。这一发现让他欣喜不已，他知道对方心里也渴望签合同，但可能还存在一些疑虑，需要再证明什么。只要善加利用，双方就可能达成互惠的协议。因此，唐斌笑着说道："是的，是的，这样的机会挺难得的。我们得好好聊一聊。"在聊天的过程中，唐斌发现客户的话题总是围绕公司，比如公司去年赢利多少，公司现在的人员状况等，唐斌都一一作答。

最后，客户果然拍着唐斌的肩膀说道："跟你洽谈业务真是一件很愉快的事情，我们现在看看合同吧！"说完，拿过合同就签上了自己的名字。

故事中的唐斌正是因为发现了客户脚尖踮起这一动作，才从中读懂了客户还有所顾忌的心理。他巧妙地利用了客户这一心理，最后成功签下了订单。假如他当时忽视了客户脚尖踮起这一动作，也许就错过了这次签单的机会。

在与客户谈判时，如果你注意到客户这一动作，那么不妨善加利用，以尽快促使双方达成互惠的协议。

解码微反应

◇客户脚尖从对向自己改为对向门

心理学家认为，脚部转动的方向，尤其是脚尖转动的方向，是表明对方是否想要离开的最好信号。在与客户交谈时，假如你发现客户的脚已经不再对着自己，而是向另外一个方向转动，或者是指着门的方向，这往往意味着他想要离开，你就应该识趣地意识到这其中可能出了什么问题，不要再继续“麻烦”对方。

◇客户频繁地踢脚

美国心理学家罗伯特·索马通过实验证明，当一个人被他人过多地侵入内心世界时，最初的拒绝方式是频繁地踢脚尖。在与客户洽谈时，假如你发现你的客户开始踢脚尖，你就应该明白，对方已经开始心不在焉，甚至是开始抗拒和拒绝，这时候你最好转换话题。

◇客户用脚尖点地板

在与客户洽谈时，客户不断地用脚尖点地板就是在向你发出警告：“不要再过来了，否则别怪我不客气。”此时，你就应该保持这个距离不动，不要继续侵犯他的“领地”，与其步步紧逼，不如给客户一个安全领地。

◇客户一只脚的脚踝搭在另一条腿的膝盖上

在与客户洽谈时，客户一只脚的脚踝搭在另一条腿的膝盖上就表明他此时正抱着不服输或争胜的态度。你的推销或者解说还没打动他，需要进一步解说。

◇客户坐在椅子前端，脚尖踮起

在与客户谈判时，当对方身体坐在椅子前端，脚尖踮起，呈现出一种殷切的姿态，这就表示对方愿意合作，是积极情绪的表示。如果你善加利用，双方就可能达成互惠的协议。当你与一个人谈判时，如果发现对方有了这种动作，不妨稍作让步，如此一来，你们的谈判会令双方都满意。

突然整理领带，是自我注视的表现

领带起源于17世纪后半叶，此后宫廷的绅士将其作为上衣襟的装饰品。到了现如今，领带成为西装最重要的装饰物。对行为学家来说，领带不仅仅是装饰物，它还能展现主人的一些个人想法。

在面对面谈话的过程中，对方突然开始整理领带，这是在传递什么信息呢？是对方感到厌烦了，还是打算跟我一较高下呢？

小李的公司计划第三季度大力推销自己研发的新商品，上司命令小李去开拓新客户。于是，小李找到了一家有购买意向的公司，两个负责接待的人把他请进了会议室。小李把商品宣传手册和价格表递过去之后，开始进行详细的介绍。结果，其中一个人认真听他的解说，并不时提出一些问题；而另一个人则双手抱于胸前，始终一言不发，也不知道到底是有兴趣还是没兴趣。

突然，不说话的那位坐直了身体，并开始整理领带。小李心中一阵慌乱，他想：是不是我的介绍让他觉得无聊，准备下逐客令了？

上面的案例中，对方整理领带的行为并不是感觉无聊的表现。也许，那个一言不发的人打算要说点什么。

突然开始整理领带，意味着那个人的注意力之前一直在小李身上或小李的话语上。而现在，他准备把注意力转移到自己身上。这就是心理学上的自我注视心理。一些动物也有类似的行为，比如猫用舌头梳理自己的毛，鸟用喙啄自己的羽毛等。当人的意识转向自己的时候，就会格外注意自己的外表，似乎将外表整理停当后，就可以向他人宣布："请大家注意我！"

回想一下，在开会的时候，即将要发言的人在站起身的同时都会有整理仪表的小动作，如抻拽袖口、整理领带、理顺头发，这似乎是常见的动作。前面案例中，那个一言不发的人突然开始整理领带也是这个道理，看来他马上就要开口了。整理领带的动作如同一个暗号，似乎在告诉说话者："轮到我出马了。"

自我注视意味着开始在乎别人的视线，常伴随着对自己的仪容仪表进行确认的行为。除了整理领带外，扶一下眼镜也属于这种行为。突然整理领带之类的动作，除了具有自我注视的含义外，也有人将其定义为一种自我防卫手段。

解码微反应

◇佩戴素色领带

选择这款领带的人给人平易近人的印象。他们往往遵循正统，不知变通，希望营造自己沉稳、成熟、值得信赖和依靠的形象。另外，人们也有可能是出于改变自己形象的目的来选择素色的领带，比如初入职场的年轻人。

◇佩戴亮色领带

选择这款领带的人自我主张强烈，但个性欠成熟，缺乏独立自主的精神，希望借由领带强化自己，营造出态度积极、充满活力的形象。有时，胆子小的人出于掩饰自己缺点的目的也会选择这样的款式。

◇佩戴碎花领带

选择这款领带的人通常是性格极其稳定的类型，决断力强，知道自己处理事情的时候该从何处入手，能够有条不紊地进行，最终妥善地解决。

◇佩戴斜纹领带

选择这款领带的人适应能力强，善于与周围的人沟通协调，能够得到较高的评价。这类人倾向于维持现状，通常无大功亦无大过。

客户托着下巴，不妨让他思考一会儿

大家都非常熟悉罗丹的雕塑《思想者》，这个雕塑成功塑造了一个强有力的男子形象。这个男子弯着腰，屈着膝，右手托着下颌，好像是在思考着什么。这个雕塑揭露了人类在思考时常做出的一个动作：抚摸或托着下巴。

人们在思考时，都会不自觉地做出一个动作：抚摸或者托着下巴。在跟他人交流的过程中，我们也时不时发现对方会抚摸他的下巴。你知道这代表什么意思吗？在与客户洽谈时，如果你读懂了对方这个肢体动作背后的秘密，那么一分钟拿下订单就不再是梦。

任海峰是一家公司的推销员，他所在的公司经过几年的研发，终于研制出一种硬度十分大的玻璃产品。

一天，任海峰带着产品资料，找到一家经销商。那位经销商很客气地接待了他，对他的产品似乎表现出了一定的兴趣，因此，便邀请任海峰来办公室详谈。

“我们这款玻璃产品在以前的基础上，得到了很大的提升。首先来说，硬度比市面上的产品更大、更耐用。其次，我们这款玻璃产品的外观印有花纹，更漂亮。最后，我们的价格更优惠。”

任海峰跟这位经销商面对面地坐在一张桌子上，详细地为他介绍公司新上市的玻璃产品的优点。而眼前的这位经销商一边认真地倾听着任海峰的介绍，一边将一只手放在下巴正下方，将大拇指与其他手指分开，轻轻抓捏住下巴，还时不时地轻轻摩擦下巴。当任海峰讲完以后，经销商开始抓摸下巴。

任海峰看到经销商这个动作，一个绝妙的主意在他的脑海中浮现。他曾看了一本心理学方面的书，这本书里说一个人抓摸下巴表明他正在考虑如何决定。于是，他拿出样品对那位经销商说："也许你很怀疑我们公司产品的质量，也许你会说一分钱一分货，哪有物美价廉的好事。但我现在就证明给你看，你确实买到了物美价廉的好东西。"说完，就取过一把锤子对着一块玻璃产品用力地砸了下去。

"你干什么……"话还没说完，经销商看到结果竟然松开双臂站了起来，因为他看见被任海峰用锤子砸的玻璃丝毫没有破损。

在签单时，客户意味深长地说道："你说得没错！在你介绍产品时，我确实在考虑我应不应该相信你的产品。每一位推销员会说自己的产品如何如何好，我相信你也不例外。而且，你的价钱还那么优惠，所以，这更让我怀疑。不过，我现在相信你的产品了，因为你用事实证明了你的产品质量确实过硬。"

就这样，任海峰成功地签下一个单子。

故事中的任海峰之所以能成功签单，是因为他从经销商抓摸下巴这一动作中读懂了他犹豫不决的心理：既想买又害怕上当受骗。针对客户这种心理，任海峰毫不犹豫地取出锤子，向玻璃砸去，以证明玻璃的硬度。任海峰正是用事实向客户证明自己的产品质量确实过硬，从而消除了客户的疑虑。最后，他成功签下了订单。

假如他当时没有注意到经销商抓摸下巴这一动作，或者没能解读经销商抓摸下巴动作的含义，也许他就错失了这一次成功签单的机会。

当你与一个人说话时，对方将一只手放在脸颊旁边或者下巴正下方，将大拇指与其他手指分开，轻轻抓捏住脸颊或者下巴，还时不时地轻轻摩擦下巴。这样的姿势告诉我们：他们一边倾听，一边思考你的观点正确与否。然后，根据自己的思考做出肯定或者否定的判断。当他开始抓摸下巴时，表明他正在思考如何决定，需要他人给出一点意见。

解码微反应

◇轻轻托着下巴

当你跟一个人说话时，对方静静地平视着你，一只手却不自觉地轻轻地托着下巴，好像正在消化你的观点。这表明他正在认真倾听你说话，你可以放心地把自己想说的话都说出来，不用担心什么。

◇高昂下巴

高昂下巴总是给人一种藐视他人的高傲姿态。我们在抬头挺胸走路时，要学会察言观色，遇到同事要主动点头打招呼，露出谦和有礼的笑容。否则，我们很容易因为高高昂起的下巴而得罪他人。

通过瞳孔变化，吃透客户的心理

瞳孔的变化是一个人不能自主控制的。通过观察瞳孔的放大与收缩，我们可以探知一个人复杂多变的心理活动。虽然客户嘴上在说“不”，但也许他的瞳孔并没有这样说。

一般来说，人的瞳孔在黑暗的地方会放大，而在明亮的地方会缩小。但一些心理学家经过研究得出结论：人的瞳孔不只受光线强弱的影响，还受心情的影响。心理状态的变化也会使瞳孔放大或缩小。

我们一起来看看美国心理学者爱德瓦斯·海丝做过的一个实验。

爱德瓦斯·海丝选择了男女两组被测试者，分别给他们放映五张幻灯片，五张幻灯片的内容有婴儿、怀抱婴儿的母亲、男性裸体照片、女性裸体照片和风景画，并对实验者的瞳孔进行摄影记录。结果显示瞳孔放得最大的是看异性裸体照的时候，瞳孔放大了20%，而且男性和女性瞳孔放大的程度没有分别。

爱德瓦斯·海丝的实验表明，虽然瞳孔的放大与缩小只是身体的微反应，但是通过这种变化能够非常准确地判断出一个人的心理活动及其变化情况——当感觉神经受刺激，或在强烈的心理刺激下，或者见到自己特别感兴趣的东西，瞳孔就会不由自主地迅速扩大，这种反应在心理学上被称为心理感觉反射。

罗中军是一家IT公司的销售主管。最近，他正在与一家大公司谈判商务。谈判对手是一个非常难搞定的客户。他一而再、再而三地要求把整体价格降低5%，并且威胁罗中军，如果不打折，就不和他们合作，而去找另外一家更加强劲的对手。

谈判对手的威胁确实让罗中军的心里犹豫了一下。他很清楚现在市场竞争非常激烈，能谈下来一个单子着实不容易。此时，如果降价了，那么对公司来说无疑会造成很大的损失；如果不降价，那么这笔生意可能就做不了。

正在罗中军犹豫不决时，一同参加谈判的销售副总斩钉截铁地说道："不降价！愿签就签，不愿签就拉倒！"说完，还摆出一副爱答不理的表情。

这使销售主管罗中军感到迷惑不解，认为副总这样做太过冒险。他本想阻止副总，但让人没想到的是，他还没说出口时，谈判对手就答应签单了。

为此，公司还特意举办了一个庆功会。在庆功会上，销售主管罗中军举起酒杯说道："副总，真是太佩服您的胆量了！"

副总笑着说道："说实话，我真没有那么大的胆识，光靠胆子，什么生意都得亏，什么单都拿不下来。"

罗中军更加诧异地问道："那我就真不明白了，如果不是您的气场压住了对方，他们怎么会跟我们合作呢？您是不是有内线啊？"

副总喝了一口酒，大笑道："也可以这么说。但是，我用的内线可不是那种商业间谍，而是对方的身体。也许，你没有注意到，在我跟他们第一次洽谈业务的时候，他们就已经对咱们的项目很感兴趣了。那时候我仔细观察了他们的反应。我发现他们看我们的项目时，眼睛越来越亮，瞳孔放大。那一刻，我就断定，这次我们一定能够吃定他们。果然，在我坚决不退让的情况下，他们乖乖地就范了。他们说的另外一家更强劲的公司，只不过是一个幌子，其实他们非常害怕失去我们。"

销售主管罗中军恍然大悟。

故事中的副总正是从谈判对手扩大的瞳孔中发现他们对自己的项目感兴趣，嘴里说着"不"，心里想的却恰恰相反。因此，当客户这样说时，假如他的瞳孔放大，则表明他在撒谎。如果他提出一些附加条件，或者一些理由，拒绝和你达成交易，那么一定不要轻言接受，因为这只不过是他的借口罢了。

解码微反应

◇瞳孔缩小

一般来说，一个人心情郁闷的时候，瞳孔会缩小，这表明他此时正感到厌恶、疲倦、烦恼。

◇瞳孔没变化

假如一个人的瞳孔没有任何变化，则表示他对自己看到的事物漠不关心或者感到很无聊。

动作夸张，是一个人感染力的体现

每个人的举手投足都反映了其心态和性格，同样的话任何人都可以表达出来，可是在对话中所展现出来的肢体语言却是独一无二的。通过对一个人肢体动作的解读，我们可以透视其内心的真正想法。

有些人说话时不仅声音很大，而且还会加上各种各样夸张的肢体动作。不可思议的是，我们常会不自觉地被这种人的魅力所吸引。那么这样的人为什么如此受欢迎呢？

客户公司有一位负责人赵总，他是一个极有魅力的人物，每次和他谈话都会被他吸引，而且不知不觉就会按照他的步调去考虑问题。赵总讲话的内容确实非常精彩，但更显眼的是他说话时响亮的声音和夸张的身体动作。说话的过程中，他时而挥舞拳头，时而展开双臂，让人在不知不觉中跟着他的思维想事情，并接受了他的苛刻条件。

大家之所以会被赵总的谈话所左右，是因为他丰富的感情表达方式和直抒胸臆的姿态感染了每一位听众。

响亮的声音和夸张的身体动作，能让对方感觉到：一个人把自己的想法和感受毫无保留地传达给我们，且这个人非常真诚。这样的人不会拘泥于条条框框，热情四溢，具有一种感染人心的魅力，能够一下子抓住听众的心。这种类型的人感情表达方式丰富，非常善于向别人传达自己的思想。

不过，像赵总这种类型的人，由于表达自己想法的念头过于强烈，很容易忽视别人的感受，也不甚在意周围的气氛。然而，由于他们善于表达自己的思想，说服力强，就算不顾及别人的感受，也能让别人接受自己的观点，而且还能把自己的兴奋、热情传递出去，并感染对方。从这个意义上说，这类人的工作能力是非常出众的。

此外，在他们失落、沮丧之际，其感情表达方式同样直截了当，沮丧的样子会让周围人感同身受，由衷替他们担心。不过，他们的恢复能力也很强，有时大家根本没有机会去安慰他们，因为他们已经收拾好了心情，又恢复了平时的活跃状态。从这个角度来看，这类人的性情也有飘忽不定的一面。

解码微反应

这类人大多头脑比较灵活，反应比较敏捷，随机应变的能力强。他们习惯于凡事抢先一步行动，这从某种程度上讲为他们的成功创造了许多机会。他们对成功的渴望往往要比其他人更强烈一些，他们有较强的竞争意识，生活态度也比较积极，但由于经验的不足，也时常会跌倒。

手摁膝盖意味着谈话即将结束

销售专员说："今天，我跟客户谈得正尽兴时，突然发现他双手摁住膝盖，好像正要起身离开一样。"微反应专家说："对方的确有意起身离开，他的大脑已经做好了准备。此时，你最好尽快中断谈话。"

在与他人交谈时，很多人都会有意识地控制和掩饰自己的内心情绪，尽力不让它从面部表情上表现出来，但很多时候总会忽略对腿和脚的控制。因此，腿和脚就没有学会撒谎的本事。因此，在与客户洽谈时，不仅要认真倾听客户说话，还要学会注意他的肢体语言，千万别忽略他的腿部动作。

陈成是一名销售人员，王总是他的一位老客户，彼此非常熟悉。有一次，陈成跟王总约好时间，准备拿一些新的样品给王总看。然而，让陈成始料不及的是，他走到半路才发现手机没带。尽管已经快到王总公司了，但他认为他跟王总挺熟悉的，迟到一会儿也没关系，于是，又折回去拿手机了。

然而，再次出乎他意料的是，在他匆匆赶往王总公司时，王总在他进门的前三分钟接了一个电话，他母亲从四川来看他了。由于母亲年事已高，又不熟悉路线。因此，他必须去机场接母亲。

因此，王总匆忙收拾好东西，正准备离开时，陈成却敲门进来了。王总想简单看一下他带来的材料，应该也不会耽误太长时间，于是就重新坐回到办公椅上。

陈成一到就立即递上自己的材料。王总接过材料看了起来，他突然发现一些新的设计，而这些设计不是一时半会能解释清楚的。他一着急，就不由自主地将双手摁在膝盖上，一只脚在前，一只脚在后，膝盖弯曲，一副起跑的姿势。

陈成想要站起来给王总解释一下，不料，突然看到王总的这个动作，他当即明白王总一定有什么事情急需处理。于是，他又看了一眼放在办公桌上那个收拾好的小皮包，因而，更加确信了自己的猜测。于是，陈成放下手中的资料，微笑着说道："王总，您是不是有什么急事要去办啊，我耽误您时间了吧！我们的事情改天再谈吧，您先去忙您的。"

王总如实说出了自己的情况。陈成一听，赶紧道歉。王总随即站了起来，很感激地说："谢谢理解，那我们就改天约个时间再谈吧！今天真抱歉，让你白跑一趟了。"

故事中的销售员陈成正是因为注意到了王总双手摁住膝盖这一动作，并通过这一动作读懂了王总的心理状态，进而针对王总的心理，及时地中断了谈话，如此一来，既排解了王总着急的心情，又令王总对自己刮目相看。假如陈成并没有揣摩出王总的心理，也许这一桩生意就此画上了句号。

解码微反应

◇客户双手交叉放在膝盖上

一般来说，在与客户洽谈时，如果对方还没做出最后的决定，就会把双手交叉着放在膝盖上，双腿交叉在膝盖以下，以采取一种观望的态度。这是一种中立姿势。如果你注意到客户这一动作，那么不妨继续洽谈，直到客户答应为止。

◇十指交叉放在膝盖上

假如你与客户交谈时，对方先把头转开，并慢慢地将身体转开，还不由自主地将十指交叉在一起，并安放在膝盖上，这表明对方感到很无聊。如果你注意到客户这一动作，最好中止谈话。

字如其人，通过签名也能猜透客户心理

签名有美有丑，有大气也有小气，千姿百态。签名不仅能让他人获得签名者的个人信息，从小小的签名中我们也能够获得有关签名者的性格密码。因此，签名的风格特色也成为我们识别他人个性的重要出发点。

名字是一个人的身份代号。古往今来，有多少人想名垂青史，可见人们对自己名字的重视。时至今日，人们的交际圈越来越大，交际越来越频繁，亮出自己名字的机会越来越多，于是签名便成为一项重要的交际内容。

职场人士都信奉“时间就是金钱”，所以我们不会有太多的时间跟客户交流，怎样才能尽快对客户的性格有所了解呢？观察其签名特色是个不错的主意。

1. 签名字体比一般字体大

这类人表现欲望强烈，喜欢招摇；注重表面文章，总是将非常多的精力用到衣着打扮上，虽然会给人留下良好的视觉感受，却不会让人对他们念念不忘，因为他们没有办法打动他人的内心。他们总喜欢将众多的任务揽于一身，但是工作成绩暴露出他们的真实面目，那就是他们能力有限。遇到困难显得软弱无能，更有甚者无法善始善终，中途退却，所以他们没有成就大事的可能。

2. 签名字体比一般字体小

这类人的性格与签名特别大的人截然相反，不喜欢在大庭广众抛头露面、

惹人注意，既不积极用特别的外表吸引他人的注意力，也不主动向他人打招呼。他们对自己没有足够的信心，工作上的表现虽然不是十分积极，但自己的工作都能集中精力来完成，没有很强的功利心，甘于平淡的生活。

3. 上升式签名

签名字体宛如“芝麻开花节节高”的人，通常都拥有积极向上的心态和远大抱负牵引下必胜的决心。他们坚信，只要坚持走下去，就会愈走愈好。他们志存高远，无论遇上怎样的艰难险阻都绝不放弃。他们的签名并没有停顿、逐步消失的意味，而是继续往前走、向上爬。这种正面的自我形象为其一生都带来了无可估量的财富。

4. 下降式签名

逐字下降的签名方式表示行为人容易劳累，有时甚至苍白无力到几乎奄奄一息，觉得自己连维持一天的起码能量都没有。这类人的生活被挫折、沮丧和疲惫所掩埋，似乎没有一点希望。他们的签名似乎也为此充满无奈。

5. 名字靠左签

这类人不喜欢按照常规办事，喜欢标新立异和追求不同凡响。如果他们喜欢某个人，就会对其冷酷到底；如果讨厌某个人，则会热情周到，假装很亲。他们喜欢表现自我，在陌生人面前直言不讳，而他们认真诚恳又不失幽默的表现会博得大众的喜欢。

6. 名字靠右签

这类人多积极乐观，信心十足，总是一副充满朝气、和蔼亲切的样子，在人际交往过程当中经常主动向他人靠拢，别人也会笑脸相迎，和他们愉快地交谈。但这并不是他们成为社交高手的主要原因，他们真正高明之处是“醉翁之意不在酒”，在交往的时候表面热心参与，而实际上置身事外，对全局进行缜密的观察，别人的一举一动几乎都逃不过他们的双眼，所有的发展变化都在他们的预料当中。

7. 图案式签名

这类人的签名富有高雅的艺术感和节奏感。事实上，签名的人也往往与其签名一样，独特而有艺术气息。签的名字力道苍劲、手法流畅、一笔一画，表示他们对个人的品位有信心。这样的签名一气呵成，显示他们对于自己的好恶总是直言不讳，是爱憎分明、敢说敢做的人，有创造自己流行风格和生活方式的天赋。

8. 把最后一笔当作底线

就如同他们那底线强劲、笔直、不夸张的签名一样，他们的为人也有着这种风格。他们自信心强，办事执着且具有不屈不挠的精神。这股倔强劲，可以从签名时把最后一笔拉回名字的起点看出来。果敢坚毅的个性使他们对认定的事都能坚持到底，从不轻言放弃。

9. 签名后跟着破折号或句号

这类人为人相当慎重，善于逃避责任，总会在事情失控之前先行脱身。多疑的天性使他们的决定总以下一个决定的“替补”形式出现，而且他们只通过简单的言语就对其做出是非曲直的本质判断。一旦有人令他们失望，他们就会与对方一刀两断，绝不迟疑。

解码微反应

有的人在签名时常常省略某一笔画，这类人的性格大多是豪爽而又大气的，他们不会太在意一些细节上的问题，凡事不会太较真，只要在大体上说得过去就可以了。

心理小测试：你适合从事销售工作吗

想要成为一名出色的销售人员，签约大量的客户，就必须具备超强的销售能力。日本索尼电子产品及美国可口可乐饮料能畅销世界，除了产品本身的品质之外，一个重要的因素就是销售有方。可以说，销售有方才是这些产品走向世界的关键。

你拥有怎样的销售能力呢？你觉得自己适合做销售人员吗？来做一做下面的小测试吧，你对自己的销售能力就可以有一个较为全面的认识了。

测试内容

1. 你的身体健康吗？即使长时间在外奔波也能保持旺盛的精力吗？

A. 是的　　B. 不是，经常性地感到疲劳

2. 你是一个热情开朗的人吗？在聚会的时候能说会道、表现活跃吗？

A. 是的　　B. 不是

3. 你找别人办事，对方粗暴无礼时，你能保持克制并表现得彬彬有礼吗？

A. 能　　B. 不能

4. 你是否善于跟不同行业、不同癖好的人打交道？

A. 善于　　B. 不善于

5. 你的语言表达能力出色吗？能用简明生动的语言将一件事情叙述得清清楚楚吗？

A. 是的　　B. 一般

6. 去市场买东西，你会讨价还价，以最便宜的价格买到你要买的东西吗？

A. 是的　　　　　　　　B. 不讨价

7. 你热爱到处奔波的职业吗？

A. 热爱　　　　　　　　B. 不热爱

8. 在办事过程中，别人是否称赞过你细心、谨慎？

A. 是　　　　　　　　B. 不是

9. 你觉得自己办事脚踏实地吗？

A. 是　　　　　　　　B. 不是

10. 你对产品的外观、品质、性能、价格、销售、财务诸如此类的问题是否在行？

A. 在行　　　　　　　　B. 不在行

11. 你对一件事的未来能准确地把握吗？

A. 能　　　　　　　　B. 不能

12. 客人来家做客，通过短时间的观察、交谈，你就能准确无误地看出他来访的目的吗？

A. 能　　　　　　　　B. 不能

13. 当对方的需要被你激发出来以后，你能够抓住时机，推销出你的产品吗？

A. 能　　　　　　　　B. 不能

14. 在人际交往中，你能否懂得软硬兼施，而不只是用一种方式对待任何交涉对象？

A. 能　　　　　　　　B. 不能

15. 你是否善于充分利用交谈以外的其他社交手段，针对对方的弱点给交涉对象施加必要的压力，迫使对方就范？

A. 善于　　　　　　　　B. 不善于

16. 你的数字计算能力和心算能力表现良好吗？

A. 良好　　　　　　　　B. 一般

17. 你的穿着和打扮是否给人一种精明、可靠的感觉？

A. 是　　　　　　　　　　B. 不是

18. 你是否对自己行业的行情了如指掌？

A. 是　　　　　　　　　　B. 不是

19. 你是否充分认识到对客户讲信誉、负责任、树立良好形象的重要性，又致力于薄利多销的原则呢？

A. 是　　　　　　　　　　B. 不是

20. 在推销产品的过程中，你是否能坚持艰苦奋斗的精神，花最少的钱办最多的事？

A. 是　　　　　　　　　　B. 不是

测试说明

在上述20道题中，每答一个A得1分，答B得0分。

测试结果

18～20分：优秀。你是销售员的合适人选，销售能力比较强。

12～17分：良好。只要你在上述不足的方面加以改进，多多参与销售实践，积累销售经验，你也可以成为一位优秀的推销员。

0～11分：不佳。除非你接受严格的销售训练课程，否则，你不适宜从事销售工作。

第八章
掌握恋爱微反应，在举手投足间更懂彼此心意

男女在生理和心理上都存在差异，所表现出来的性格、情绪、举止、言行也大不相同。由于许多恋爱中的男女把握不好相处的分寸，导致常常由于会错意而引起对方不满，其实这都是不了解对方肢体微反应惹的祸。因此，要想准确地表情达意，读懂微反应是恋爱的必修课。

双手抱于胸前，是在秀优越吗

男朋友出差一个月，终于回到了我的身边，我高兴地跟他聊个没完。可在谈话的过程中，男朋友突然将双手抱于胸前，这是怎么回事，难道他变心了吗？

双手抱于胸前的动作，可以使自己产生优越感，让自己在对方眼中显得“很了不起”。所以，这个动作一般不会在地位比自己高的人面前做。那么，在女朋友面前，男朋友抱起双臂，则代表他内心产生了什么想法呢？

一对分居两地的情侣，经过长时间的分离之后，终于有了一个短暂的相聚时刻，双方都开心得不得了。女朋友小刘本是一个爱说爱笑的女孩，但分离的这段时间，由于没有倾诉对象，心里积压了好多好多的话。如今，终于见到了男朋友，她的话就像决堤的洪水，连绵不绝地倾泻而出。

面对女朋友犹如洪水般汹涌而来的连珠炮式倾诉，男朋友突然将身体向后靠在沙发背上，还把双手抱在胸前。小刘这才意识到，男朋友刚才就爱答不理地敷衍自己的话，现在又抱起双臂。“是不是他有别的想法，开始讨厌我了？”为此，小刘感到很沮丧。

在上面的例子中，男朋友完全被小刘那滔滔不绝的话语所吓倒，无意识中使用了最经典的自我防卫姿势——抱起双臂。

人抱起双臂的行为，大多是关闭内心、进行自我防卫的一种体现。尤其是双臂抱得比较低时，往往是想在自己面前筑起一道高高的屏障，以便对自己进行保护。相反，假如双臂抱得比较高，就能体现出一种“我比你了不起”的心态。假如某人抱起双臂的时候，身体是畏畏缩缩的，多半意味着这个人心中充满紧张与不安。无论怎么说，男朋友当时肯定有了不高兴的情绪。

一般来说，常见的抱臂行为主要有以下几种。

1. 挺着胸脯，双臂抱于较高的位置

挺胸腆肚，双臂抱在很高的位置，这是在传递“我是一个了不起的人物”的信息。

2. 身体畏缩，双臂抱于较低的位置

当一个人感到紧张或不安的时候，他就会想把自己的身体蜷缩起来，让自己的存在感尽量变弱一些。

3. 弓着背抱起双臂

弓着背抱起双臂的姿势，经常在一个人着急或动摇的时候出现。倘若这时听他们说话，也许你还能感受到他们不安的情绪。

4. 迎着对方的视线抱起双臂

迎着对方的视线抱起双臂，表示对对方的话非常感兴趣。这种情况下，还常伴有深深点头、向讲话人的方向探身等动作，这些动作都是想传递一种认同感或共鸣感。

有什么方法可以让对方抱着的双臂放下来吗？当然有，我们也可以学对方抱起双臂。这时，对方多半会对我们的动作感到不快，然后就会放下双臂。

解码微反应

当女人不安时，她们会抓住手提袋或小皮包，作为掩饰内心的微反应，因此看起来不像男人那么明显。

约会时男友抢着坐左边是为哪般

有人曾经进行过一项调查，问："您喜欢自己的左脸还是右脸？"结果，大部分人的回答都是"右脸"。为什么大家对自己的右脸更为满意呢？

在跟女朋友约会的时候，不少男性总会抢着坐在左边。于是，某些女性的心里有了疑问："为什么他总是把右侧的脸给我看？只有演员拍照时会注意自己的位置，他又不是演员，为什么要这样做？"

经过激烈的爱情角逐之后，张涵终于击退所有竞争对手，得到了"白马王子"的心。张涵从来没有觉得生活是这么的美好，她觉得自己每一分每一秒都是幸福的，但是，她渐渐地发现了一个规律：约会时，假如是在公园、旋转餐厅或酒吧等两个人要并排坐的地方，男朋友总是抢先坐到左边的位置上。这其中不会有什么隐情吧？难道是传统的男左女右观念在作祟？应该不会啊，男朋友也是受过高等教育的人，不可能那么封建的。

实际上，人的脸可以分为左右两部分，有的时候左右对称活动，有的时候左右分别出现不同的表情。当人脸左右对称活动时，无论是欢笑、发怒还是悲伤，都是由心而发的真实表情。另外，像打哈欠、打喷嚏、咳嗽等不可受个人意志所控制的生理现象，人的脸也是左右对称活动的。

与此相对，当人对自己的感情有意识的时候，人脸的左右两侧会出现不同的表情。比如，当众出丑，面露苦笑时；鄙视某人，面带轻蔑时；失败后，感到惋惜和悔恨时……上述状况下的表情，左右两侧是不对称的。而且，研究还发现，人的左脸要更诚实一些，其表现出来的情绪更接近真实的内心。

一般来说，右脸是表演出来的表情，即做出来的表情，当尴尬的时候、假装着急的时候、苦笑的时候、失败的时候，人们就会以右脸示人，以便不被人看透，隐藏内心的真实感情；左脸是真情实感的流露，即真实的表情，当大笑的时候、打哈欠的时候、打喷嚏的时候、哭的时候、发自内心的笑容，人们就会以左脸示人，以便感染对方，传递内心的真实感受。

也就是说，那位抢着坐左边的“白马王子”，是想把右脸展示给女朋友，而右脸不会轻易泄露真实的心情。由此可见，他可能想隐藏某些真实的情感。微反应专家建议：张涵可以多约这位男朋友到能够相对而坐的饭店、咖啡厅等，多找机会从正面观察他的脸部表情，以便了解对方的真实想法。

解码微反应

对人类而言，站立的姿势，乃是最适合活动的一般状态。我们在坐着的时候，往往以立刻站起来的姿势为前提。浅坐于椅子上的情况，显得比较紧张，而且处于随时可采取行动的状态。

生活中，凡是坐姿稳如泰山的人，在精神上大都处于优势地位，或者是有意处于优势地位。而居于劣势地位的人，大都采取立即可以站立的坐姿。而随时都在保持浅坐姿态的人，是在潜意识中表现对他人的恭敬和洗耳恭听。

常把“我”挂在嘴边，是为了更亲近你

当想和某位女性拉近关系时，有些男性会频繁使用第一人称，把“我”挂在嘴边：“希望你了解我多一点，我也希望更了解你。我是一个……”希望对方能把自己放在心上，希望对方能时时记起自己。

在跟某位女性对话沟通的过程中，如果一位男性频繁使用第一人称“我”的话，则说明他很有可能想和这位女性拉近关系。一个人把自己的信息讲给别人听的行为，心理学上叫作“自我展示”。想让别人对自己打开心扉，首先进行自我展示是很有必要的，并且是非常有效的。

下面给大家介绍心理学家鲁宾的一项心理实验。心理学家在机场对完全陌生的人进行调查，以收集笔迹为理由，请陌生人在调查单上随便写一句话。不过，他们会给出三种例文，分别是“我在收集笔迹样本”“我感到孤独”“我有性生活方面的困扰”，而且对每名受调查者只提供一种例文。

结果发现，看到前两种例文的人，写出的话也比较普通；而看到有关性生活的例文时，受调查者写出的话也比较隐私。这说明，自我展示是一种具有相互性的行为。

为了尽快得到心仪对象的赏识，一些男性把自我展示当作交往技巧。于是，不少深谙此道的人就会利用这个技巧来博取异性的芳心，跟女孩聊一些自己小时候的事情，讲一讲自己的烦恼等。通过自我展示，渐渐拉近两个人之间

的心理距离。恐怕那些说话时频繁使用“我”的男性，追求的就是这个目的。经过无数的事实证明，自我展示的确对于拉近彼此之间的关系非常有效。

不过，假如用“我”过度的话，就会起到反作用。谈话中无视对方的情绪，只讲自己的事情，很容易被看成是自我意识过度的人，遭人讨厌的可能性也比较大。

而那些不是为了选择对象，无论到哪儿都喜欢使用第一人称说话的人，大多是自我中心主义者。反之，假如只有在面对特定异性对象时，频繁使用第一人称，那么行为人多半对听者心生好感，希望拉近彼此的距离。

概括来说，一个人频繁使用第一人称主要有以下3个原因：

1．想让对方进一步了解自己

对于自己喜欢的人，理所当然想让对方进一步了解自己，进而喜欢自己。

2．想进一步了解对方

利用自我展示的相互性，首先向对方展示自己，也希望对方同样地展示自己，以形成良性互动。

3．性格比较自恋

单纯地优先考虑自己的感情和意志，眼里、心里只有自己，完全忽视别人的感受和情绪。

解码微反应

◇说话前故意清喉咙

这是对别人的警告，表达一种不满的情绪，意思是说如果你再不听话，我可要不客气了。

◇说话前发出口哨声

这种行为有时是代表行为人潇洒或处之泰然，但有时行为人会以此来虚张声势，掩饰内心的惴惴不安。

假笑不由心，是内心不悦的掩饰

人们经常把微笑比喻为交际中的“通用货币”，人人都能付出，人人也都能接受。可是，如果一个人笑不由心的话，他的笑容很难被对方接受，甚至可能给对方带来不快。

发自内心的笑容的确能够让人感觉温暖，但假装的笑却不可以，这两种笑的含义是不同的。我们该如何分辨这两种笑呢？

一天，美女欣怡和男朋友约会去看电影。经过讨论，他们决定去看一部爱情电影。本来，男朋友的爱好是看动作电影，但在女朋友的强烈要求下，陪她看了爱情电影。

电影结束后，二人来到影院隔壁的咖啡馆闲聊。当时，欣怡还沉浸在电影的余韵当中，一个劲地感叹：“好感动啊！”男朋友也笑着附和：“是啊。”不过，欣怡感觉男朋友的表情有点别扭，但不清楚到底是哪里出了问题。

欣怡感觉到男朋友的笑容中有不自然的地方，因为他的笑容并不是由心而发的，而是假装出来的。恐怕男朋友并不喜欢刚才看的言情电影，甚至连情节都没往心里去，可是，假如说出真心话，肯定会伤女朋友的心，所以才会装出笑脸附和女朋友的话。实际上，当人说谎、心感愧疚时，为了不让别人看出破绽，就会勉强装出笑容。换句话说，就是想用笑容隐藏真实情绪。

不过，发自内心的笑容和假装出来的笑容是有差别的。而且，无论装得多么逼真，假笑都不可能毫无破绽。像例子中的美女欣怡，就敏感地察觉到了男朋友笑容中的不自然。

那么，发自内心的笑和假装出来的笑到底有什么区别呢？答案就在眼睛和嘴的动作。首先，嘴笑但眼睛不笑的笑容，一般可以认定为假笑。当一个人想隐藏某种真实情感时，他就会假笑。另外，服务行业也常用这种笑来取悦顾客。其次，嘴和眼睛在同一时间笑的笑容，假笑的可能性也非常大。因为有些人担心只用嘴假笑的话会被识破，所以他们在嘴笑的同时，眼睛也跟着笑。实际上，发自内心的笑是，嘴先出现笑的动作，随后眼睛也跟着笑起来。

简单来说，假笑都是在“必须得笑”的意志驱使下所做的动作，要么嘴笑眼不笑，要么嘴和眼睛同时笑，跟真心的笑容相比，总会让人觉得有些不自然。

解码微反应

◇偷笑

笑声很低，也不长，有时别人或许未必听得到。这类人常常看到一件事情有趣的一面，而别人未必看得到。因为这类人容易相处，所以大家都喜欢跟他们做朋友。

◇鼻笑

笑声是从鼻子里哼出来的，因为努力要忍住笑，所以忍进了鼻子。这类人倾向忍笑，他们为人怕羞，不想让他人注意。他们在生活中谦虚体贴，喜欢按常规办事，很重视周围人的感觉，而别人也都喜欢他们的细心。

托盘式撑下巴，满满的爱慕之情

在爱情的道路上，很多人都因为不了解对方的心意而错过彼此。一般来说，女孩出于矜持，张不开嘴巴表达自己的情意。所以，这时就需要男士读懂对方的肢体语言。从她的肢体语言中，你会获得意想不到的喜悦。

托盘式姿势就是指一只手搭在另一只手上，双手撑住下巴，微微抬头将脸迎向对方。这个动作常常表达出恭维对方的含义，而做出这个动作的人多为女性。

当一位女士认真倾听着男士的侃侃而谈，并且做出托盘式姿势，可能有三种情况：

（1）当一位女士被男士的学识与口才所征服时，就会不由自主地做出仰慕的动作——托盘式姿势。这个动作完全是自发的，是一个人在感情的驱使下自然做出的动作。很多女性在听异性讲话时，都会做出这个动作，这表示动作者将听对方说话作为一种身心享受。

（2）当一位女士被男士的外貌所吸引，陶醉于欣赏男士帅气的容颜的情境中也会自发地做出托盘式姿势。这种情况下的女士可能并没有听进去对方在讲什么，而只是随声附和。

（3）当一位女士对男士倾慕已久，并想主动传递给对方她的好感和倾慕之意，于是便有意识地做出托盘式姿势。这个姿势让女人看起来更妩媚、更温柔，而且表意更明确。

楚云龙与常雅丽两个人从小玩到大，是无话不谈的“铁哥们儿”。楚云龙对常雅丽有意，可是，他总觉得常雅丽对自己漫不经心。无数次，他都想向常雅丽表白。可是，每次话到嘴边时，他又咽了回去。他害怕自己表白了，假如雅丽拒绝，那么以后他们连朋友都做不成了。因此，他内心一直犹豫不决。

这天，楚云龙升职了。为了庆贺自己升职，楚云龙便请常雅丽吃饭。他们面对面坐着，楚云龙兴致勃勃地谈着自己是怎么升职的，而常雅丽坐在对面，静静地听着他高谈阔论，脸上偶尔露出一丝微笑。

就在楚云龙讲到最精彩之处时，常雅丽放下筷子，轻轻地将一只手搭在另一只手上，双手撑住下巴，全神贯注地听楚云龙侃侃而谈。楚云龙观察到常雅丽这一动作，略懂心理学的他不禁大喜，满含柔情地告白道：“雅丽，做我女朋友吧！我从小就喜欢你，这么多年从未变过。”

常雅丽轻轻地将双手放了下来，脸颊略微泛红，低头不语。楚云龙很清楚，常雅丽这是害羞的表现，于是，他站起身来，绕过桌子，来到常雅丽身旁，轻轻地将她揽入自己的怀里。从此，他们开心快乐地生活在了一起。

毫无疑问，故事中的常雅丽属于第三种情况，她通过托盘式姿势传达出自己的倾慕之意。楚云龙幸亏略懂行为心理学，否则他就可能错过这桩美好的姻缘。

解码微反应

◇用手掌托住脑袋

假如女孩在听你讲话时，下意识地用单手的手掌托住脑袋，并将整个身体的支点都放在胳膊上，则说明对方开始厌烦你的话题，她的整个身体已经没有动力来支撑自己，只让一只手和一只胳膊来支撑自己。

◇双手托腮

假如一个女孩正用双手托腮听你说话，说明你的谈话内容无法吸引她，她很可能正在思考自己的事情。假如平日就习惯以手托腮的话，那就表示此人经常心不在焉，对现实生活感到很不满，期待新鲜的事物。

女友舔嘴唇，是对“寻求”的暗示

还没有到吃饭的时间，女朋友突然对着男朋友舔了一下嘴唇，把男朋友吓得后退了好几步。她到底想要干什么？刚吃完饭没多久啊，难道是又饿了？

心理学家发现，伸出舌头含有“拒绝”的意思，可是如果用舌头舔嘴唇的话，则具有相反的含义，是想“寻求什么”的一种本能反应。

人类在处于婴儿时期的时候，如果饿了想吃奶，就会张开小嘴做吮吸状，舌头也会跟着动，这是一种本能。即便是成年人，当看到美食摆在面前时，也会不自觉地伸出舌头舔自己的嘴唇，这是从小保留下来的本能行为。不过，伸舌头舔嘴唇的动作，并不只是出现在食欲受到刺激的情况下。假如异性做这个动作，而且不是在饥饿的情况下，则往往不是在暗示有食欲，而是有可能代表性暗示。

美国心理学家朱利叶斯·法斯特认为，人用舌头舔嘴唇的动作起源于动物梳理毛发。猫、狗等动物会用舌头舔自己或其他同类的毛发，而用舌头帮异性同类梳理毛发的动作，是动物之间“爱情”的信号，也是一种发情期交配的前戏。受到性欲的刺激后，用舌头舔点什么，表现出一副玩味的样子，对动物来说是一种原始的本能。

原来女孩做出这个动作是在诱惑男朋友。在约会时，假如女朋友注视着男朋友舔嘴唇的话，那很可能是一种性暗示，希望跟男朋友的关系更近一步。这种女性的性需求一般比较旺盛。

当然，我们也不能一概而论，要具体情况具体分析，舔嘴唇的动作，有的女性是无意识中做出来的，有的女性是为了引诱男朋友而故意做出来的。像用舌头舔红酒杯的杯沿，或者在撒娇时伸出舌头舔嘴唇，都是在刻意诱惑男朋友。

解码微反应

杂志封面上的性感女郎，经常会摆出半张着嘴、伸出舌头，或者把手指放入张开的口中的造型，其目的就是要把男性读者的眼球吸引过去。跟舔嘴唇、把手指放入口中一样，假如把头发含在嘴里，也说明女性有性的欲求。

一只手捂嘴、安静倾听意味着什么

Q君跟一个女孩子面对面谈话时，发现这个女孩子总是用一只手捂着嘴巴，静静地听他畅谈。他感觉这个动作很不雅观。一只手捂嘴真的像Q君所说，是不礼貌的举动吗？

一般来说，女孩子在自己心仪的对象面前，总喜欢显示自己矜持的一面。她们喜欢捂着嘴巴，安静地听对方说话。

有的男士觉得这个动作不太雅观，好像不尊重自己。其实，这并不是不雅观的动作，而是女性正在控制自己按捺不住的喜悦之情。她实在太喜欢对方了，正在努力掩饰自己内心的激动，因为她在心里已经认定对方是她的白马王子。

东子是一家公司的销售主管，长得英俊潇洒，谈吐文雅，颇受女孩子们的喜欢。有一次，他去拜访一位女客户。这位女客户穿着干练，长得清秀可人，正是他的心仪对象。

刚一见面，他们就给彼此留下了非常好的印象。洽谈结束后，东子主动邀请这位女客户吃饭。在饭桌上，他们聊得十分投机。能看出，他们对彼此都颇有好感。

然而，就在东子高谈阔论时，女客户突然伸出一只手捂着嘴巴，安静地听东子畅谈。东子注意到她这一举动，最初以为她身体有什么不舒服，但见她又没别的症状，于是就没怎么在意。

过了好一会儿，这位女客户依然时不时地用一只手捂着嘴巴，安静地听东子说话。也不知道为什么，东子总认为这个动作不雅观，两个人谈话时，他感觉很别扭。

又过了好一会儿，这位女客户依然如此。终于，东子忍无可忍，便匆匆结束谈话，结账后就把女客户送回去了。

离别时，女客户很深情地站在原地望着东子离去的背影。从那以后，东子除了工作上的往来外，平常再也没有主动联系过这位女客户。

一年很快就过去了。有一天，东子无意中跟一位朋友谈起了人的行为举止，不由自主地想起了那个女客户的举止。他感到不解，便问朋友这是什么意思。朋友叹了一口气，说道："你不知道这什么意思啊？那个举止不是不雅，而是表明她非常喜欢你，心里已经把你当作她的白马王子了。"

东子一听，使劲地拍打着自己的脑袋，懊悔不已。

故事中的女客户用微反应表达自己的倾慕之情，遗憾的是，东子却误解了这个动作的含义，并因此错失了一段美好的姻缘。假如你发现某个女子在你面前做出此举动，如果你也有意，不妨进一步采取行动。倘若你无意，那么你不妨同样暗示她，你不可能接受她的感情，让她重新寻找自己的白马王子。

解码微反应

◇女孩时不时地拉扯自己的裙子

跟你谈话时，如果她时不时地拉扯自己的裙子，很在意裙子的长短和覆盖面，则说明她具有一定的防卫心理。她能想象自己衣冠不整的样子，所以严阵以待。

◇女孩用手抚摸自己的脸颊

跟你谈话时，如果她总是用手抚摸自己的脸颊，则表明她想掩饰自己的感情或者不愿泄露自己的真实本意，所以无意中有这个小动作。

双腿交缠是对爱意羞涩的应答

男生向女神表白了。可是，她一点表示也没有，只是低着头，看着自己交缠的双腿。男生很伤心，以为女神拒绝了。事实上，双腿交缠是顺从的标志，表明对方点头答应。

我们经常见到这样的影视桥段：当一个深情款款的男子赢得了清纯善良的女主角信任时，他先是坐到女主角的身旁，而此时的女主角则微微低头，将一只脚的脚尖紧贴在另一只腿上，肩膀微微抽动，脸颊绯红。在这里，我们发现那个单纯又善良的女主人公做出了一个展现羞涩之态的经典动作——双腿交缠在一起，而这个动作表现的身体语言密码正是顺从。

前段时间，公司来了一位新女同事。这位女同事名叫田菲，长得乖巧可爱。任雪峰对她一见钟情。

也许是忙于工作，这位女同事见到任雪峰只是微笑着打招呼，好像并没有什么特别的表达。这天是情人节，一下班，任雪峰就等在了办公室门外，约田菲吃饭。

田菲答应了他的请求，随他一起来到公司附近的一家饭馆吃饭。在吃饭的过程中，任雪峰热情地给田菲倒水、夹菜。从田菲满意的微笑中，任雪峰自己知道表现不错。

他们吃完饭后，便聊了起来。从小时候上学的一些趣事聊到出来工作的种种乐事，从生活中的点点滴滴聊到人生的种种感悟。在聊天的过程中，他们有一种相见恨晚的感觉。

聊着聊着，任雪峰拿出早已准备好的玫瑰花递给田菲，很温柔地说道："也许你不相信世界上有'一见钟情'，但我相信。从我见到你的那一刻起，我就喜欢上了你。"

田菲接过玫瑰花，脸上露出甜蜜的微笑，但什么也没说，只是低着头，望着地上。四周一片寂静，他们两个人都沉默不语。就在这时，任雪峰不经意地伸了一下脚。没想到，两个人腿脚不小心地碰在了一起。两个人立即收回腿脚，尴尬地笑了起来。这时，任雪峰注意到田菲将腿缠在一起。

突然，任雪峰意识到了什么。他曾看过一个影视剧，当一个女孩乐于接受对方时，就会微微低头，将一只脚的脚尖紧贴在另一只腿上，肩膀微微抽动，脸颊绯红。

任雪峰心中大喜，立即握住她的手，一段美好的姻缘就此展开。

故事中的任雪峰曾经看过这种影视剧，当心仪女孩田菲表现出这种动作时，他便读懂了这种动作背后所隐藏的含义，知道女孩在心里已经接受了自己，只是出于女性的羞涩，不便于说出来而已。因此，他果断地采取进一步行动。

虽然双腿交缠很多时候是我们下意识的动作，但在很多情境下，不要轻易做出这个动作，否则会造成尴尬或者带来误会。

解码微反应

在腿部语言中，除了其姿势的不同，传递的信息不一样之外，双腿的位置也很能说明问题。

◇双腿分开

某人在坐着的时候双腿分开，这说明此人很坦诚、很自信。如果女士们穿着裙子，那么双腿一般不会分得太开。

◇将一条腿搭在另一条腿的膝盖以上

如果某人把一条腿搭在另一条腿的膝盖以上，这说明此人正在为自己打气。这意味着此人不太自信或者没有说实话。

◇双腿、双脚朝向相反的方向

假如你和一个面对着你，整个身体都朝着你的人在说话，但是你无意中往下一看，发现此人的双腿和双脚正对着相反的方向，这说明此人想离开，而且不太想和你说话。同时，当某人跟你在一起感到不自在的时候，他的双腿就会朝门的方向移动，其实是想逃跑。

另一个说明某人想离开的动作，是不断且很有节奏地拍打大腿。你会经常看到某人拍打大腿外侧，这说明此人想走，可是又担心不礼貌而走不了。

◇双腿伸在别人面前

不管是否交叉，只要把双腿伸在别人面前，就说明此人爱支配别人。有这种坐姿的人都是意志很坚定的人，他们也可能会有欺负他人的行为。这种人为了引起别人的注意还可能有自我注意的表现。

说话突然拉高声调，是说谎了吗

恋人之间相处的时间越久，就会对对方越了解，甚至可能对其一切行为举止了如指掌。因而，一旦对方说话声调有了变化，恋人很容易就能觉察到。

根据行为学家的研究，从一个人说话速度、声调高低、抑扬顿挫的程度，都可以判断出他的心声。对行为学高手来说，只要恋人出现了可疑的声音变化，他就可以迅速发现蛛丝马迹。

最近，心理医生钱小小发现自己的女朋友开始爱美起来，无论是衣服还是化妆，都比平时更华丽，而且行为也有点古怪。对此，钱小小有了一种不祥的预感。终于有一天，他忍不住问了一句："你最近变化很大，是不是有什么事瞒着我？"结果，女朋友笑着答道："怎么会呢，你多心了。"

接下来，女朋友没给钱小小任何发问的机会，抬高声调转移了话题："我说，我们上一次看的那部电影……"话题就这样被岔开了，女朋友也一改往日的沉默，像机关枪一样"嗒嗒嗒"地说个没完没了。她这种不自然的表现更加深了钱小小的怀疑，但由于找不到证据，只好保持沉默。

在谈话过程中，假如女性说话的声调突然抬高、语速加快、喋喋不休，那很有可能是对男性说了谎话。人说话的字面意思是"主语言"，而音量、声调、节奏等则是“副语言”。从嘴里说出来的话可能有真有假，但副语言相对更为可靠，能比较真实地反映说话者的内心。

当一个人感到不安时，身体和心里都会紧张起来，当然声带也不例外。在准备说谎的情况下，免不了会担心谎言被戳穿，为了加强语言的可信性，可能会改变说话的声音、声调、节奏等。比如，音量放大、声调拉高、节奏变快等。说谎者认为，只要改变了说话方式，就可以在气势上压倒对方，让对方没有足够的思考时间。

不过，也有人故意反其道而行，反过来应用这一原理。在想说谎的时候，个别人会有意识地控制副语言，缓慢地、沉稳地说话。他觉得，假如自己语气、语调等和平时无异，就不会引起别人的注意，谎言自然也不容易被识破。

解码微反应

◇女孩说话轻声细语

这类女性大多比较温柔、善良、善解人意，但有时候也显得过于多愁善感，甚至是软弱。

◇女孩说话速度特别快

这类人大多比较外向，充满青春和活力，朝气蓬勃，总给人一种阳光般的感觉。

◇女孩说话平铺直叙，男性化十足

这类人大多比较内向。她们在大部分情况下都沉默少语，待人也比较冷淡和漠然，但她们心里却是充满热情的，只是不太善于表露出来。在面对任何事情的时候，她们都会显得特别冷静，先认真思考，然后去行动。

心理小测试：从应急反应测出你恋爱中的不足

很多时候，只要你做出一个简单的选择，就能透露你内心深处的真实想法。想通过恋人的应急反应测出他的真实内心吗？想知道自己在恋爱中的弱点是什么吗？那就来做一做下面这个简单的小测试吧！

测试内容

你在咖啡店里和恋人一起喝咖啡，邻桌上的咖啡杯突然落下，咖啡洒在了你恋人的衣服上，这时你会做出什么反应？

A. 一边询问“亲爱的，你没事吧”，一边亲自用纸巾为恋人擦衣服。

B. 把纸巾递给恋人说：“来，擦擦吧。”

C. 责怪恋人说：“我刚才不就说要坐在其他地方了吗？”

D. 向洒出咖啡的人索要洗衣费。

测试结果

选择A：你的问题是太过于关心对方。虽然在恋爱初期，你的关心会让对方心生好感，但之后会让对方觉得你很没有主见，从而产生反感情绪。

选择B：你会让对方觉得有距离感。即使你是在关心对方，也可能会让恋人产生“他是真的喜欢我吗”的疑问。

选择C：你在恋爱中过于轻视对方。虽然你心里是爱着对方的，但嘲讽对方的时候也从不手软。所以，你常常会伤害恋人的感情。

选择D：你是无视他人的面子，只按自己的情绪行动的类型。不论是多么相爱的关系，你依然会坚持自己的那一套。如果继续这样在他人的指责下谈恋爱的话，一定会让恋人感觉很有负担，所以你最好能试着稍稍压制一下自己的情绪。

第九章
经营婚姻生活，懂些微反应使相处更和谐

我们通常用“举案齐眉”来形容夫妻的恩爱，“举案”和“齐眉”这两个词就属于身体微反应的表现。其实，婚姻生活中要想和睦相处，就应该多懂一些微反应心理学，让彼此在不言中感知对方的内心，温暖对方的心灵。

睡姿透露枕边人的心理秘密

如果对方睡姿很美，便让人想起了优雅、恬静的睡美人。有些人睡觉则非常有气势，睡姿成“大”字形，一副唯我独尊的“帝王睡相”。另外，还有人睡觉时竟然可以像时钟一样旋转，每隔一段时间看他，他的头都会在不同的方位。

一个人睡觉的姿势，是一种直接由潜意识表现出来的身体语言，对了解一个人的性格和心理很有帮助。不同的睡姿所代表的性格也不一样，如何通过睡姿看透一个人的内心呢？下面来学习一下吧！

1．仰睡

这类人十分开朗大方，为人热情亲切，富有同情心，乐善好施，能够很好地读懂他人的心理，知道他人的需要。他们的思想相当成熟，对人对事往往都能分清轻重缓急。他们也有很强的责任心，敢于担当，深得朋友或同事的信任，人际关系也比较好。

2．采取俯卧式睡姿

这类人对自己很自信，能力也很突出。他们能够正确无误地认识自己，什么时候都知道自己是谁，也知道自己在做些什么。他们会坚持不懈地追求人生的目标，有信心也有能力实现它。遇到紧急情况时，他们能及时地做出决策，并有很强的随机应变能力，懂得怎样调整自己。另外，他们善于把自己的真实情感隐藏得滴水不漏，不让他人看出一点破绽。

3. 喜欢睡在床边

这类人缺乏安全感，有很强的理性思维，但他们的自控力、容忍力强，能够使不安情绪不流露出来。假如事情没有超出他们容忍的极限，他们是不会轻易反击、动怒的。

4. 在睡觉时整个人成对角线躺在床上

这类人相当武断，虽然做事精明干练，但他们是绝不会向别人妥协的。对待事情的态度是“我说怎样就怎样，你不得反对”。他们乐于领导别人，有很强的权力欲望。

5. 双脚放在床外

这类人的生活节奏相当快，工作比较忙，没有多少休息的时间。他们有相当积极和乐观的生活态度，精力充沛，不知疲惫，对待别人也非常热情、亲切，深受他人喜爱。

6. 双臂双腿交叉睡觉

这类人的自我防卫意识比较强，容不得别人侵犯自己。但他们的性格很脆弱，当某种伤害来临的时候往往很难承受住打击。

7. 裸睡

这类人向往自由，他们是靠感性生活的人，做事情也是如此，因此往往会受到别人的指责。

8. 采用婴儿般的睡姿

这类人大多缺乏安全感，性格比较软弱且受不了打击。他们的独立意识较差，喜欢依赖某一熟悉的人物或环境，而遇到不熟悉的人物和环境就会产生恐惧的心理，遇到困难大多会选择逃避。他们的逻辑思辨能力很差，做事没有层次感，常常是事情已经发生了，准备工作还没有做好。

9. 脸朝下，头摆在双臂之间，膝盖缩起来

这类人具有很强的防卫心理，自主意识比较强烈，不会听任别人的吩咐和摆布，更不会向权势低头，喜欢做自己喜欢做的事。假如有人强行要求，他们一定会反抗。

解码微反应

有的人喜欢独睡，这类人不管在工作上还是生活中都是独行侠，他们高度重视私人空间，认为这是神圣不可侵犯的，即使是最亲密的人也不可以随便闯入。他们把自己的内心世界看作生命的堡垒，不愿意与别人倾心相处。

从看电视的表现读出爱人的心理

时下，电视早已走进百姓的日常生活，成为人们了解外界、获得信息的窗口，更是人们消遣和娱乐的重要工具。人们与电视的联系越来越紧密，很多人在电视机前形成了自己独特的行为方式。

认真观察爱人看电视的习惯，然后对比一下专家的观点和研究结果，看看爱人究竟有什么样的性格，以及自己对爱人的真实性到底了解多少。

1．喜欢大型综合性娱乐节目

这类人乐天开朗，心地善良而不愿记恨。他们凡事只看光明面，最能体谅别人。

2．喜欢家庭伦理连续剧

这类人幻想力强，是非分明，极富正义感，为人处世都非常有分寸。

3．喜欢体育节目

这类人竞争心极强，喜爱接受挑战，压力越强，表现越佳。做事谋定而后动，计划周详而且尽力追求。

4．喜欢喜剧性节目

这类人对生活要求不高，家庭观念浓厚，同时个性比较含蓄。他们大多会利用幽默感隐藏内心真实的情感，表面上插科打诨、漫不经心，但内心却炽热如火。

5．喜欢戏剧节目

这类人自信心强而富有冒险精神，英雄主义色彩极浓，霸道，喜欢领导和左右别人，只是有时会变得独裁专断。

6. 喜欢有奖游戏或猜谜节目

这类人智慧高，推理能力强，对任何问题都能冷静分析，寻根究底。最不能忍受别人的无知和愚蠢。

7. 喜欢清谈式或说话性节目

这类人心思缜密，爱好争论而略微偏执。为人很有主见，但又非常客观，在做出任何决定时，必先详细考虑分析，绝不莽撞行事。

8. 喜欢神秘恐怖节目或犯案故事

这类人好奇心重，竞争心强。凡事能够贯彻始终，全力以赴，喜欢追求刺激。

9. 看电视时注意力高度集中

这类人多办事比较认真，做任何一件事情都能够全身心地投入。而且他们情感比较细腻，有丰富的想象力，很容易与他人产生共鸣。

10. 一边看电视一边做其他事情

如边看电视边看报纸、打毛衣或是吃东西。这固然和所看电视节目的内容有一定关系，但也表明这样的人多有很好的弹性，能较容易地适应各种各样的环境。在条件允许，甚至是不允许的情况下，他们都很愿意向自己、向外界进行挑战，尝试新鲜的事物。

11. 在看电视的时候睡着了

除去工作特别累、人非常疲劳的情况外，这类人的性格多是随和而又乐观的，在挫折和困难面前，他们往往也能够笑着坦然面对，并积极地寻找各种方法，力争让问题可以轻松地解决。

解码微反应

有的人一遇到自己不喜欢的节目就马上调台，这类人耐心和忍受力都不是特别强，但他们很懂得节俭，不会浪费时间、金钱、财力、物力等。这类人独立性很强，对那种一哄而起、一哄而散的人十分不屑。

烹饪习惯是生活态度的体现

家庭主妇在烹饪食物时的态度，往往显示出她对生活的态度。准备食物并不是一件特别复杂的事情，但准备的方法和过程却可以显示出一个人许多内在的东西。你注意过妻子的烹饪习惯吗？

通过观察妻子的烹饪习惯，男士们可以进一步了解妻子的性格特点，让夫妻关系变得更为协调。

1. 喜欢亲自动手烹饪并热衷于此

她们认为烹饪是一种艺术，也愿意自己动手来做。这类人大多独立意识比较强，从来不企图依靠别人来达到自己的某种目的，在她们的心中有非常强烈的依靠自己的意识，她们的自信心非常强烈，即使身处困境也乐观依旧。

2. 喜欢按照有关烹饪的书籍做菜

习惯于被人领导，且不可能领导别人。她们总是过分地追求各种细节，精确严谨，从来不会轻易放弃任何一件自认为重要的事情。她们并没有多少自信心，随机应变能力比较差，遇到一些突发事件，她们常会惊慌失措，不知该怎样办才好。

3. 喜欢向美食专家请教

这类人多比较有宽容性，能够虚心认真地接纳他人给自己提出的意见和建议，但只是接纳并不是全盘地接受，她们是有着自己独特的思维的，会充分考虑他人的意见和建议，但到最后还是由自己做决定。

4. 喜欢跟着电视上的烹饪节目自己动手

这类人大多自主意识强烈，不愿意让他人为自己做决定，她们喜欢把一切都变得简单和方便，且很容易获得满足，在各方面也不挑剔，但对于一些事情还是有追求完美的心理倾向。在大多数时候，她们活得比较快乐，善于开导自己。

5. 喜欢在烹饪时经常采取剁、揉的方法

这类人大多属于实干型的人，她们很实际，总是能够以非常积极和诚恳的态度，来面对生活中的各种问题。她们的生活节奏相当快，且有很多有意义的计划正在不断地实施。她们的生活态度相当积极，一件事情只要决定去做，就会全身心地投入，尽量把它做好，且有可贵的探索精神。

6. 喜欢凭着自己的感觉进行烹饪

这类人大多比较善变，常凭着一时的感情冲动行事。她们不愿意受到他人的约束和限制。喜欢自由自在、随心所欲地做自己想做的事情。她们很少向他人做出承诺，因为她们非常了解自己，知道自己根本无法兑现。

7. 喜欢烤肉

这类人大多待人热情大方，乐于结交新的朋友，而且富有同情心，做事常不拘小节，马马虎虎，得过且过就好，因此常会制造一些不必要的麻烦。她们很愿意向他人介绍自己，以增进了解。

8. 喜欢在烹饪的时候使用一些小道具

这类人多有比较重的好奇心理，一旦对某件东西感兴趣，就会想方设法地拥有它。她们在做事的时候多追求高效率，有较强烈的忧患意识，为了以防万一，常常会做很多准备，但事实上，这些准备有很多是不合理的。

解码微反应

有的女性从来不自己烹饪，甚至结婚之后也不愿意下厨，这类人多缺乏冒险意识。为了安全，她们通常会选择妥协退让。

摊开双手，意味着妥协和退让

一般来说，手心示人是一种表达善意的手势，表示服从和妥协。在生活中，只要你仔细观察，就会发现礼仪小姐在指引路线时，就会用手心向上的动作指明方向。这种动作代表了一种友善的诚意。

男人一般比较好面子，即使自己错了，也不会主动承认错误。但如果妻子能读懂他的肢体语言，就能知道他心里有没有认错。如果他心里已经认错了，那么我们就没必要再责备他，因为谁都不喜欢被责备。

在婚姻中，当丈夫遭到妻子的责骂时，通常会双手一摊，表示“我什么也没做过”。他做出这个姿势既表明自己清白，又承认错误，并有妥协的意思，不希望妻子再责备他。可是，有些妻子并不能读懂丈夫的肢体语言，仍然一味地责备丈夫，结果搞得夫妻关系很紧张。

江婷去年结婚了，新婚宴尔本来是幸福甜蜜的。可是，江婷却一脸忧愁，因为她发现丈夫很喜欢参加各种聚会。

一天晚上，丈夫又很晚才回到家里。丈夫刚推门进来，江婷就劈头盖脸地骂道：“你一天到晚就知道聚会，既然那么喜欢聚会，以后就别回这个家了。”

丈夫什么也没说，双手一摊，灰溜溜地逃进卧室。丈夫经常这样，江婷气得捶胸顿足。

第二天，气愤不已的江婷对好姐妹伤心地诉说道：“我的命怎么这么不好啊，竟然遇上了这样一个人！早知道他这样，打死我也不嫁给他。”

江婷的好姐妹听到她的这一番哭诉，总算明白是怎么一回事了。她耐心地问道：“你这样责备他时，他什么表现啊？”

“什么也不说，双手一摊，灰溜溜地逃进了卧室。”江婷哭着说道。

“双手一摊？”

“是啊，除此以外，没别的举动了吗？”

江婷的好姐妹笑了笑，说道：“我的傻妹子，你用的方法不对啊！他双手一摊，以手心示你，就表明已经承认错误，并向你妥协。你再步步紧逼，岂不是弄巧成拙吗？男人的逆反心理很强，也许你以后不再责备他，情况就会有所改变。”

江婷眨了眨眼睛，问道：“真的吗？”

“不妨试试。”

后来，当丈夫聚会晚归时，江婷不再责骂他，相反地，他一进门，江婷就嘘寒问暖。果然，慢慢地，丈夫回家越来越早，后来竟然很少参加聚会了。

由于不懂丈夫双手一摊这个动作背后所隐藏的含义，故事中的江婷一味地责备丈夫，结果使丈夫回来得越来越晚。其实，丈夫双手一摊就表明他已经知道错了，并要求妥协。在好友的开导下，她才意识到自己的错误之处。她的态度得到了改变，丈夫也回归到了这个家庭。

解码微反应

◇举起一只手并以手心示人

这个动作表明自己想要发言，或者想引起对方注意。

◇隐藏手心或手心向下

这个动作代表着一种权威性，表明想控制对方，假如某人对你摆出手心向下的手势，你立即能感觉到他的控制欲。一般来说，一家之主喜欢做出这个动作。

触摸鼻子，撒谎的常见动作

一些心理学家经过研究告诉我们，当说谎者想竭尽全力隐瞒时，即使他的语言编排得天衣无缝，仍然会露一些肢体痕迹。因此，判断一个人有没有撒谎，不能仅凭感觉，而是应该观察他的行为举止。

著名童话小说《木偶奇遇记》里曾有这样一段对白：

“怎么知道我在说谎？”

“我亲爱的孩子，谎话一眼就能看出来，因为它只有两种，一种是短腿的，一种是长鼻子的。你说的谎是长鼻子的。”

在童话故事里，皮诺曹说谎时会长鼻子，而在现实生活中，人们说谎时会摸鼻子。撒谎会长鼻子，虽然是一个很有趣的说法，但撒谎确实会引发鼻子部位的血液流量增大，导致鼻子膨胀而产生刺痒的感觉。所以，一个人在撒谎时，触摸鼻子是常见的动作。

李欣跟老公结婚一年了，他们每天下班后就回家，做做饭，看看电视，周末时一起去看电影，逛公园，生活过得美美满满。

最近一段时间，老公常常加班，很晚才回来。李欣一个人闲来无聊，便开始看美剧《别对我撒谎》。自从看了这部美剧以后，她就开始用里面教的各种方法来分析老公跟自己说话时的语气、动作与表情，以此探求他有没有对自己说谎。

一天晚上，老公又打电话说他要加班。但是，李欣从电话里听出老公说话时总是犹犹豫豫的。因此，她猜测老公在说谎。因为一个人说话时迟疑、重复，没有办法很好地组织自己的语言，这很可能是在说谎。

不过，李欣装作不知道，偷偷地观察他有什么可隐瞒的。于是，她便来到老公公司楼下等他。等他下班后，李欣又偷偷地跟踪他。结果，发现老公去跟他的好朋友聚会，他之所以瞒着李欣，是因为她曾经说他的那些朋友是“狐朋狗友”。

晚上，老公回到家。李欣却装作什么也不知道，像往常一样，拉着老公的手问道：“今天是不是很辛苦？工作完成了吗？”

老公摸了摸自己的鼻子，说道：“我努力工作都是为了让你过上更好的生活，一点也不辛苦。”

李欣很清楚男人摸鼻子，通常是在说谎。对于老公的谎言，她一笑置之，并没有去戳破。

有时候，男人做某件事情不想让老婆知道，便往往会选择说谎。故事中的老公不自觉地摸了鼻子。从触摸鼻子这个动作中，李欣就认为他在说谎。李欣很清楚自己碰到的是无伤大雅的小谎言，因此，她并没有去戳破。假如老公在原则性问题上撒谎，你就有必要采取进一步的措施了。

还有一点值得大家注意，从触摸鼻子这个动作来判断对方有没有说谎只是一种辅助手段，而不是一个完全判定手段。在借助这个手段时，一定要记住这样一个规则：单纯的鼻子发痒往往只会引发人们反复摩擦鼻子这个单一的手势，而和人们整个对话的内容、频率和节奏没有任何关联。假如这之间存在某种联系，你就必须对他的谈话内容加以警惕。

解码微反应

假如一个人说的是真心话，那么他说话时肯定有勇气看着你的眼睛。如果他说话时摩擦眼睛，并将头转向别处时，那么这个动作便出卖了他。这表明他不但说了谎，而且还正在编造更大的谎言。

醉酒后打电话是内心寂寞的独白

假如你老公某一次喝醉酒后猛给你打电话，作为妻子，就应该反思反思自己的所作所为。也许你有很长一段时间都没有好好跟丈夫沟通了，并忽略了他的心理感受，让他备感孤独。建议加强与丈夫的沟通，及时排解他心中的焦虑，这样你们的婚姻才会更加幸福美满。

一个喝醉酒的人常会在不适合打电话的时间给别人猛打电话，接电话的人常常被他所谓的理由弄得哭笑不得，尤其是半夜三更睡得正香时接到电话，更是让人痛苦不堪。其实，只要仔细分析这些人的举动，你就会发现在喝醉酒时打电话的人，完全是因为孤独，内心非常渴望他人的关怀。

在婚姻家庭问题咨询中，有近70%的夫妻是因为不会沟通，不懂得沟通，从而引发夫妻矛盾，甚至离婚。老公醉酒后猛给你打电话就是你们缺乏沟通的表现，不要忽视老公这一举动，而应该引起高度重视。

华沙跟老公结婚一年了，老公是那种沉默的男人，一点也不幽默，但老实本分，是一个居家过日子的好男人。

最近，老公出差在外，他们也只是偶尔电话联系。然而，在一个深夜，华沙的手机意外地响了起来。她一接起电话，老公的声音就传进她的耳朵："喂，我告诉你一件特别重要的事，我……我今天，我今天见了一位客户，谈了好久好久，可人家最终也没签合同，真是气死我啦！”

华沙睡得正香，不料被老公的电话吵醒了，本来有些生气，但听到他这样说，心里又有些不忍，于是便安慰他说：“没事，一个客户不签有什么要紧的啊！汲取一点经验教训，想想以后怎么搞定客户就行了。”

没想到，华沙的安慰并没有起到什么作用，老公好像一打开话匣子就收不住了：上次他妈过来了，华沙没有好好照顾他妈；华沙的一个要好的朋友总是来他们家，他都感觉厌烦了……

听着老公这些话，华沙非常生气，便“啪”地一下挂断了电话。不料，她挂断电话后，老公又打过来，继续滔滔不绝地说着一些不着边际的话。华沙虽然知道老公是因为喝醉才说这些话的，但心中依然感到气愤不已。

不知过了多久，老公自动挂断了电话，而华沙此时却了无睡意。她躺在床上，一遍又一遍地回想着老公刚才所说的话。反思自己的所作所为，华沙发现自己很少主动去关心他，很少去了解他心里的真实想法……正是因为缺乏沟通，老公心里想什么，她一点也不知道，才会使夫妻双方在彼此心里筑起一道高墙。

意识到这点以后，华沙改变了与老公的相处方式。他们时常沟通，有时沟通的过程中也会发生争执，但生活却过得更有滋有味。

故事中的华沙就是通过丈夫喝醉后给他打电话这一举动，感受到丈夫内心的孤独，并进行反思，找出自己所犯的错误，从而加强与丈夫沟通，真正地走进丈夫的内心世界。在婚姻生活里，你老公在喝醉酒时，是不是也给你猛打电话说着一些不着边际的话语？你又是如何处理的呢？

解码微反应

打电话的人很轻松地站着，低着头，下巴抵在胸前，身体的重心不断从一只脚换到另一只脚上，看上去他心不在焉，一边点头一边说：“是啊，是啊！”他对谈话的内容或许感到索然无味，却又不想暴露这一点。于是，你可以断定，通话的对方可能与他相当熟悉，大概是他的妻子或是一个老朋友。

手置于臀部下方，显示出不安心理

一般来说，当一个人自在、毫无保留地表达自我感受时，他通常会不自觉地手舞足蹈。可是，当一个人内心感到不安，并竭尽全力来控制自己的情绪时，就会不自觉地将手垫在臀部下方，并坐在自己的手上。

手是身体的一部分，也是身体语言表露的重要“工具”。手在交往过程中发挥着非常重要的作用，其一举一动可以对语言起着补充说明的作用，甚至能发挥其独立有效的功能。

在夫妻交流的过程中，如果你发现丈夫将手置于臀部下方，那么你就应该意识到他内心极度不安，可能正在努力控制自己的情绪，害怕自己接下来的言行会给对方带来不悦。作为妻子，你应该努力安抚他内心的不安。

艳红与老公结婚两年了，这两年来，他们的日子虽说平淡，但幸福和谐。

一天晚上，艳红跟老公一起看电视。她坐在沙发上，老公坐在一旁的椅子上。刚开始时，他们敞开心扉交谈，谈得非常愉快。但是，当他们谈到彼此的工作时，艳红依然手舞足蹈地说公司最近又开展活动了，而老公却一声不吭。

“你呢？你们公司最近怎么样啊？”艳红轻描淡写地问道。不料，老公听到艳红这句话，突然将手放在了臀部下方，并坐在自己手上，好像要说什么，却欲言又止。

艳红没听到老公的回答，回头一看，便注意到老公这一显眼的动作。她曾看过一本有关行为心理学方面的书籍，书上说老公这一动作正是心理极度不安的表现。因此，她很敏锐地意识到老公肯定在工作中遇到什么困难了，害怕自己接下来的言行会让她不高兴。

于是，艳红起身，绕过沙发来到老公身后，把手臂伸展到老公椅背后面，突然一下子从身后给了老公一个环抱。

老公感到很意外，不安的情绪也随着这个环抱而消失。这时，艳红用十分温柔的话语问道："怎么了，老公？感觉你有什么心事一样。"

这时，老公才叹了一口气说道："我们公司经营状况非常不好，我可能快失业了。"

听到老公这句话，艳红虽然极度惊讶，但她很快就镇定下来，拍着老公的肩膀说："这有什么，现在哪儿找不到一份工作啊！别担心了，再说了，这个家不是还有我吗？"

艳红的一番话让老公的心情豁然开朗。由于没有心理负担，老公失业后，很快又找到一份不错的工作。

通过观察老公将手垫在臀部下方这一动作，艳红揣摩出老公极度不安的心理。针对老公这种心理，她用平和的语气与温柔的举动让老公放松下来，并帮助老公消除内心的紧张感。等老公冷静下来后，才心平气和地问缘由。在得知老公即将失业时，她又安慰鼓励老公，让老公坦然接受事实。心态决定命运，当老公以平和的心态面对失业时，新的工作也就向他敞开了怀抱。

上面的故事告诉我们一个道理：丈夫作为一家之主，由于害怕给妻子带来困扰往往会选择让自己默默承担这些困苦。妻子有责任为丈夫分担烦恼，这就需要妻子多观察丈夫的行为举止，通过他的行为动作来揣摩其内心，然后帮他分担烦恼。

解码微反应

◇将手揣在上衣口袋或裤兜里

这个动作能将人的手隐藏起来，这是出于不愿意暴露真心的戒备心理。这表明做出这个动作的人要么不信任对方，要么有不可告人之动机。

◇手不停地摆弄某些东西

当一个人在与他人说话时，如果紧张不安，他就会不停地摆弄身边的某些东西；在漫不经心的情况下，也会做出这个动作。当你看到一个人做出这个动作时，一定要根据具体情况来揣摩其心情。

◇用手抚摸额头

如果一个人时不时地用手抚摸额头，这表明他已经十分疲惫。不过，值得注意的是，人在说谎时也会做出这个动作。

心理小测试：你的夫妻关系是否理想

健康美满的婚姻，关系着彼此的需要是否得到满足，是否相互支持和鼓励，是否有良好的沟通，是否有个人的自由，是否符合过去的期盼，等等。可以说，每一个人都希望自己的婚姻生活是美满幸福的，都希望与对方白头偕老。下面就来做一份婚姻安全检测问卷，测测你的婚姻的理想程度吧！

测试内容

1. 在我看来，世上最为理想的夫妻关系应该是什么？

A. 双方事事如意 5分　　B. 在多数情况下如意 3分

C. 如意与不如意交替出现 1分

2. 作为一对恋人，你们对于未来小家庭中的一些大事诸如生活安排、较大的支出、孩子教育等是怎么处理的？

A. 一人决定 5分　　B. 偶尔商量 3分

C. 经常商量 1分

3. 你和你的丈夫（妻子）的生活属于下面哪种情况？

A. 常年不在一起，难得一见 5分　　B. 从不分离 3分

C. 时有短暂的分离 1分

4. 你认为夫妻之间经常由于某些分歧而相互拌嘴、怄气、彼此不理睬等有怎样的看法？

A. 很大的不幸 5分　　B. 最好别发生 3分

C. 这不是重要的，重要的是尽早和好 1分

5. 闲暇时间，你们是怎样度过的？

A. 和亲友一起度过 5分　　B. 夫妻一起度过 1分

C. 介于 B、C 之间 3分

6. 对待繁重琐碎的家务劳动，你们是怎么安排的？

A. 合理分担 3分　　B. 推给一方 5分

C. 争着做 1分

7. 你们夫妻对性生活有什么要求？

A. 只注意质 3分　　B. 只注意量 5分

C. 在可能情况下质量兼顾 1分

8. 你们夫妻对性生活的共同感受是什么？

A. 总表现为不愉快的过程 5分　　B. 仅是感情较融洽的交流 3分

C. 不仅是感情融洽的享受，也能激起对下次性生活的向往 1分

9. 引起夫妻之间争吵、怄气最多的话题通常是什么？

A. 猜疑一方不忠诚 5分　　B. 经济上的支出 3分

C. 对家庭内外一些事情的认识及处理方法 1分

10. 你们夫妻怄气以后言归于好的一般过程是什么？

A. 都不想让步，求助于外力 5分　　B. 一方让步 3分

C. 互有让步 1分

11. 在教育孩子的基本方向和采取的方法上，你们夫妻是怎么做的？

A. 分歧严重 5分　　B. 少数情况下不一致 3分

C. 认识一致 1分

12. 经过婚后共同生活波折的考验，你感到当初你选她（他）做配偶的决定是什么？

A. 一个失误 5分　　B. 说不好 3分

C. 最聪明的选择 1分

测试结果

47～60分：夫妻关系不理想。

你们的婚姻缺乏爱情基础，即使相安无事，也只不过在委曲求全。长期夫妻关系失调、感情难于沟通导致即使终日相处也感觉不到欢乐和幸福。对此夫妻双方宜做出努力予以改变。

23～46分：夫妻关系较理想。

一般而言，夫妻关系还算理想，但存有若干不理想因素，你们对此不要忽略。要看到，即使当初双方起点相同也不等于有相同的终点，更不等于在生活旅途中永远美满和谐。关键是要培养共同的价值取向。价值观念一旦变化就会给夫妻关系蒙上阴影，你们对此应时刻留意。

12～22分：夫妻关系很理想。

对你们来说，婚姻不是爱情的终结，而是更深的依恋。当然，有些时候，你们也可能闹点小别扭，但这不过是平静生活的小插曲，不仅无碍，还会在绚丽的生活上增加色彩。

第十章
警惕小习惯，别让日常微反应出卖你

美国著名牧师华理克曾经说过：“性格是习惯的总和，是你习惯性的表现。”由此可见，一个人在日常生活中的习惯，不仅能体现他的性格，还能反映他的心理状况。所以，要想更好地了解一个人，就从观察他的生活习惯开始吧！

细微处泄天机，微反应看透你的性格

俗话说："细微处泄天机。"生活中的小细节最能体现一个人的真实本性。实际上，人们在日常生活中的那些小动作都是在长期的生活中无意识地形成的，因而带有明显的个性色彩。

每个人的举手投足都反映了其心态和性格，嘴里说出来的不一定是可信的，可是在对话中所展现出来的微反应却骗不了人，通过对一个人肢体动作的解读，我们可以透视其内心的真正想法。

1. 边说边笑

跟这类人交谈，你会觉得非常轻松、愉快，他们不管自己或别人的讲话是否值得笑，有时候连话都还没讲完他们就笑起来了。他们也并非不在意与别人的交谈，我们只能说这类人"笑神经"特别发达。

这类人大都性格开朗，对生活要求不太苛刻，知足常乐，而且特别富有人情味，无论走到什么地方，他们总是有极好的人缘，这对他们开拓自己的事业本来是极好的条件，可惜这类人大多喜爱平静的生活，缺乏一种积极向上的精神，否则他们肯定能在事业上有一番作为。

2. 边说话边打手势

跟人谈话时，只要他们一动嘴，一定会有一个手部动作，比如摊双手、摆动手、相互拍打掌心等，好像是对他们说话内容的强调。他们做事果断、自信心强，习惯于把自己在任何场合都塑造成一个领导型人物，性格大都属于外向型。

这类人对朋友相当真诚，但他们不轻易把别人当作自己的知己。踏实肯干的性格往往会使他们的事业小有成就。

3. 说话时摇头晃脑

生活中我们经常看到一些人用“摇头”或“点头”，以示自己对某件事情或看法的态度。但是，如果看到一个人经常摇头晃脑的，那么我们或许会猜测他是不是生病了。

不过，心理学家研究发现这类人拥有特别的自信，以至于经常唯我独尊。他们也会请别人帮自己办事情，但很多时候别人做得再好他们都不怎么满意，因为他们有自己的一套，他们只是想从你做事的过程中获取某种启发而已。

在社交场合，这类人很会表现自己，因此时常遭到别人的厌恶，但他们对事业一往无前的精神却被很多人欣赏。

4. 挤眉弄眼

这类人不管是在二人世界也好，在大庭广众之下也罢，他们都肆无忌惮地挤眉弄眼，有时候他们也并非在调情或相互勾引。这类人确实太轻浮或缺乏内涵修养，在恋爱和婚姻上也总是喜新厌旧。虽然他们不一定会跟“原配”离婚，甚至还可能对结发妻子“相当好”，那只不过是他们的自尊心在起作用而已。

这类人特别会处理人际关系，尽管他们十有八九略显高傲，但因为他们为人处世大方，所以人缘非常不错。在事业上，他们善于捕捉机会，深得领导的赏识。

5. 掰手指节

有的人习惯于把自己的手指掰得“咔咔”地响，不管有人还是无人，有事还是无事。这类人通常精力旺盛，哪怕得了重感冒，如果叫他们去做一件他平常最喜爱的事，他们同样会从床上爬起来。他们还很健谈，喜欢钻“牛角尖”，倚仗自己思维逻辑性较强而经常把你的谈话、行为说得一无是处。

这类人对事业、工作环境很挑剔，如果是他们喜欢做的，他们会不计较任何代价、踏实努力地去做；相反，他们会混得很彻底，表现出一副无精打采的样子。

6. 腿脚抖动

这类人总喜欢用腿或者脚尖使整个腿部颤动，有时候还用脚尖磕打脚尖或者以脚掌拍打地面，这种行为当然不能登大雅之堂。

这类人最明显的表现是自私，他们很少考虑别人，凡事从利己主义出发。他们对别人很吝啬，对自己却很宽容。不过，这类人很善于思索，他们经常给周围朋友提出一些意想不到的问题。

7. 死死地盯住别人

这类人的特点是在与别人谈话时会目不转睛地盯着别人。在聚会上，这他们也常常盯住一个人不放，但这并不意味着他们看上了某个人。他们不喜欢受约束，经常我行我素。另外，他们比较慷慨，因此他们周围总是有一人在一起。

这类人的支配欲望特别强，而大多数的时候他们确实又都有某种优势，因此只要有机会，他们就会向别人展示自己。他们占不到“天时”“地利”就一定能占到“人和”。他们的行为时常看起来像花花公子，但有一点值得肯定，他们选定了人生的目标就一定会去努力。

8. 交谈时抹头发

当跟别人面对面坐着或站着时，这类人总要时不时地抹抹头发，似乎是为了引起对方对他们发型的兴趣。其实不然，因为这类人就是独自一人的时候，他们也会每隔三五分钟就“检查”一下头发上是否沾上了什么东西。

这类人大都性格鲜明，个性突出，爱憎分明，尤其疾恶如仇。他们一般很善于思考，做事细致，但大多数缺乏一种对家庭的责任感。他们对生活的喜悦来源于追求事业的过程，喜欢拼搏和冒险，他们不在乎事情的结局。他们在某件事情失败后总是说：“我问心无愧，因为我认真去做了。”

解码微反应

人们日常行为中的很多小动作都是未经过任何雕琢而自然流露出来的，因而最能反映一个人的性格、喜好。所以，通过对日常行为中细枝末节的关注，我们可以又快又准确地认识一个人。

认真写字，别让笔迹显露社交能力

现在有一项专业技术叫作“笔迹鉴定”。每个人的笔迹都是独一无二的，我们通过“笔力”“文字大小”“字形”，可以大体解读出书写者的心情和性格倾向。如果你想了解一个人的社交能力，不妨研究一下他的笔迹。

近些年来，随着手机和电脑的普及，我们用笔写字和看见别人手写的机会越来越少了。实际上，手写的文字能从侧面反映出一个人的心情和性格。从手写的文章中，可以读取各种各样的有效信息。你不妨把以前的书信或日记翻出来看一看，回忆一下当时是欢喜还是忧伤，然后分析心情与笔迹之间存在的微妙关系。

法国人米雄是笔迹分析学的奠基人之一，他提出一种通过笔迹判断人性格的方法。运用这种判断法，只要对一个人手写的文字进行分析，就可大体了解他的性格。判断的三个要素分别为“笔力”“文字大小”和“字形”。

例如，笔力（所谓笔力，是指写字时的用力程度）较强的人，一般比较认真，但有点神经质；笔力弱的人，多性格开朗，社交能力强，但容易感情用事。另外，字体大的人积极、充满自信；而字体小的人，则过度谨慎，比较在意小事情，用通俗的话说就是“小心眼”。关于字形，写字横平竖直、棱角分明的人，做人做事大多规规矩矩、一丝不苟；字形圆润的人往往较为幽默，而且非常感性。

根据以上的基本判断标准，假如某人写字十分用力，而且棱角分明，那他应该属于非常理性的类型，但可能让人觉得无趣；假如字形中多带曲线，字体大，笔力弱的话，说明这个人具有幽默感，性格开朗且社交能力强。总而言之，通过写字的力道、字体大小、字形等笔迹信息，对一个人的性格进行判断，是一件很有意思的事情。

解码微反应

◇笔迹特征为字体较大，笔压无力，字形弯曲

不受格线限制，具有个性风格，容易变成草书；有向右上扬的倾向，有时也会向右下降，字体稍潦草。

这类人平易近人，好相处，善于交际，为体贴、亲切类型的人。气质方面具有强烈的躁郁质倾向。另外，他们待人热情、兴趣广泛、思维开阔，做事有大刀阔斧之风，但多有不拘小节、缺乏耐心、不够精益求精等不足。

◇笔迹特征为字形方正，一笔一画型

笔压有力，笔画分明，字字独立，字的大小与间隔不整齐，具有自己的风格，但笔迹并不潦草。字的大小虽有不同，但整体显得较小。

这类人不善交际，属理智型。处世认真，但稍欠热情。对于有关自己的事很敏感、害羞，对他人却不甚关心，感觉较迟钝，气质方面具有分裂质倾向。一般情况下，他们都有较强的逻辑思维能力，性格笃实，思虑周全，办事认真谨慎，责任心强，但容易循规蹈矩。

如果结构松散的话，书写者形象思维能力较强，思维有广度。为人热情大方，心直口快，心胸宽阔，不斤斤计较，并能宽容他人的过失，但往往不拘小节。

开车习惯也在透露一个人的个性

随着社会的发展，汽车已经逐渐步入人们的日常生活，人们对汽车的需求欲望和生活模式也正在不断改变和发展。与其说汽车是一种交通工具，不如说它是人们的一件外衣，而对待外衣的方式，则可以折射出一个人的性格特征。

一个人驾驶汽车的方式和控制自己的方式有着许多相似之处。假如把汽车视为一个人肢体的延伸，那么开车的方法也就是肢体语言的机械化身。一个人在方向盘背后的一举一动，无不体现出他当时的心情与态度。

1．按规定速度开车的人

对这类人来说，汽车只是一种代步的工具，所以他们能够心态平和地以正常的速度开车。这类人比较传统和保守，他们在为人处世中大多采取中庸的态度，即使有很大的胜算，也不会冒险。他们遵纪守法，从来不做出格的事。他们为人诚实可信，从来不马马虎虎，所以会与他人建立良好的人际关系。

2．驾车速度比规定速度低很多

这类人最突出的一个性格特征就是胆小怕事，对于这一点，他们自己感到很苦恼，而亲戚朋友对此也极度失望。在通常情况下，这类人的忌妒心也是很强烈的，他们忌妒或是忌恨那些超越自己的人。他们想奋起直追，可又常常跨越不出自我的樊篱。同时，他们缺乏足够的自信，总是觉得什么也把握不住。他们在渴望的同时又在极力避免任何东西放在自己的手里，一旦有某些东西，诸如权力和金钱等掌握在自己手里，他们就会将其威力减弱到最低程度。

3. 喜欢超速行驶

这类人多自主意识比较强，他们讨厌任何一个人为自己立下一定的规矩，并且也不允许有人这样做，如果有人强行要做的话，他们可能就会采取相当极端甚至是非常危险的方式来进行阻止，以维护自己。他们对生活的态度是积极、乐观和向上的。他们对名利看得相当淡泊，只是随心所欲，自己活得快乐就好。从某种程度来说，他们对金钱和权势是憎恶的。

4. 由他人驾车，自己坐在后座上

一般来讲，他们的取胜欲望是相当强烈的，从来不愿意自己输给他人。他人的成就对他们来说是一种威胁，他们害怕自己会失败，所以会严格要求自己成功。正是在这种激励之下，他们才会不断地前进。他们的自信心很强，而且有良好的自我感觉，并不断地寻找机会以证明自己的重要性。他们希望他人对自己有强烈的依赖性，凡事都来征求一下自己的意见。

5. 遇到红灯或是堵车不断按喇叭

这类人大多是外向型的，脾气暴躁、易怒，稍有不如意就尖叫、大喊、发脾气。他们随机应变的能力并不是很强，尤其是在挫折和困难面前，往往不知所措。他们自信心不强，周围人对他们而言常常是巨大的威胁。他们办事效率低，自身的能力也不突出，看不到他们有太大的成就，但却总是行色匆匆。

6. 开车的时候不换挡

他们大多不希望自己的一切都被他人安排得好好的，他们更热衷于独立去探索一条完全属于自己的道路来走，哪怕在这条路上到处都有坎坷不平，他们也毫不在乎。他们不会轻易向别人请教，而是喜欢凭自己的感觉做事，反而会时常给别人一些指教。他们具有一定的责任心，任何事情都能够做到尽职尽责。

7. 只要绿灯一亮，就抢先往前冲

这类人多头脑比较灵活，反应比较敏捷，随机应变的能力强。他们习惯于凡事抢先一步行动，从某种程度上来说，这为他们的成功创造了许多机会。他们对成功的渴望往往要比其他人更强烈一些，有较强的竞争意识，生活态度也比较积极，但由于经验的不足，也会时常跌倒。

8．等到绿灯亮了以后，最后一个发动汽车

在他们的性格中，冷静、沉稳的成分比较多。他们在为人处世等方面都是比较小心和谨慎的，总是要等到具有一定的把握以后才会行动。他们追求的最终目的是安全有保障，给自己带来的损失越小越好，他们为了保护自己，很懂得收敛，从来不会表现得锋芒毕露，这样可以避免被人拒绝或是被伤害。

解码微反应

有的人永远没有驾照，这类人擅长告诉他人他要怎么做，但做出来的成果却往往与他所说的相去甚远。不过，只要有足够的刺激，他最后还是会把事情做完。他把自己想象成赢家，但心中却暗自害怕会输。他天花乱坠的言语可能说得斩钉截铁，但行为却十分消极。他的拖延战术不但已经变成了一种再自然不过的行为，而且已经形成了一种模式。

从持咖啡杯的手势得知人的性格

咖啡，作为一种时尚饮品，可以陪伴你度过许多惬意的时光。尤其是当你与朋友相聚、恋人相约，甚至是和客户商谈时，喝咖啡都是一个不错的选择。可是，你知道持咖啡杯时的手势也能反映一个人的性格吗？

事实的确如此，微反应让我们的一举一动都暴露着自己的内心。持咖啡的手势就是微反应的一种表现。虽然手持咖啡只是一个不起眼的小动作，但仔细观察就会发现，每个人持咖啡的手势都有细微的差异。手势各种各样，不同的手势体现的个性也不一样。

1. 手持咖啡杯时紧握住杯耳

这类人的自我意识比较强烈，喜欢我行我素，爱表现自己，希望获得他人的注意。

2. 手持咖啡杯小指跷起

这个动作很优雅，习惯这个动作的人比较以自我为中心，神经敏感，做事过分注意小节，对周围朋友也不怎么慷慨。

3. 随意持咖啡杯

随便抓起咖啡杯的人非常活泼，他们擅长人际交往，能够八面玲珑，但难免给人留下轻浮的印象。

4. 持咖啡杯时用拇指、小指来支撑杯子

习惯这样持杯子的人身上往往带有一些艺术家的气质，他们爱幻想、爱浪漫，常常因为我行我素的作风，以及对周围人的意见置之不理的态度受到别人的非议。

5. 用手捂住杯口

这是善于伪装的标志性动作，因为用手遮住杯口就像是在掩盖自己的情感，这类人颇有心计，善于伪装自己，从不轻易在他人面前展露自己真实的一面。

由此可见，喝咖啡虽然是一件很惬意和享受的事情，但我们必须注重些礼节，尤其是在持咖啡的手势上，如果不想让他人轻易地看透自己，就以标准的持咖啡手势示人，同时如果想更清楚地了解他人，不妨多注意对方持咖啡的手势。

解码微反应

◇喜欢把杯子放在手掌上边喝边热情地讲话的女性，性格大多活泼好动；

◇握住茶杯时喜欢将食指往前伸出的女性，比较追求地位；

◇喜欢紧紧抓住咖啡杯，用拇指按住杯口的男性，性格豪爽；

◇把杯子紧握掌中，拇指使劲顶住杯子的边缘的男性有主见。

通过点餐行为，猜透他人的决断力

通过公司聚会或者朋友相约去饭店吃饭的点餐行为，可以较清楚地了解一个人的决断力究竟如何。如果你想搞清楚几个朋友的决断力到底如何，看谁能对你的事业有所助益，不妨约上他们一起去喝个咖啡吧！

某家咖啡店里，来了六位客人，店员拿着记录单走了过去，问道："请问你们需要些什么？"

A："我要一杯摩卡。"

B："我要一杯混合咖啡。"

C："嗯，那我也要一杯混合咖啡。"

D："我要一杯卡布奇诺。"

E："我要最贵的。"

F：（一边看着菜单）"我，嗯……"

A："决定不了吗？你为什么每次都这样啊！"

F："那，我也要混合咖啡吧。"

我们在生活中经常会遇到类似的情景。大家不知道的是，这些不同的点餐方式能暴露出一个人的性格特点。这里我们主要讨论点餐方式所体现出的决断力。

1．最先点餐：最具有决断力

首先，像A这样最先点东西的人，属于有决断力的领导型人物。只是有决断力当然是好事，但假如不顾别人的感受来上一句“大家也都喝混合咖啡吧”，甚至想直接替别人做决定的话，必然会引起周围人的反感。

2．迅速决定自己想要什么：有决断力，坚持己见

像B和D这种能迅速决定自己想要什么的人，也跟A一样有决断力。而且，他们能坚持自己的意见，不会轻易被别人的意见所影响。但有时，这种情况的出现也可能是因为他们性格顽固，或者也只是一种言不由衷的敷衍，需要具体情况具体分析。

3．经常跟别人点同样的东西：缺乏决断力

像C这种经常跟别人点同样东西的人，属于容易附和别人的类型，决断力有些欠缺。因此，当他们被要求自己做决定时，就经常会陷入迷茫之中，一副不知所措的样子。当然，不固执己见是比较聪明的做法，但假如总是轻易改变看法的话，那就很有可能被当成是墙头草。

4．只点昂贵食物或大菜：缺乏协调精神

像E这种“只要最贵”的人，则经常不考虑场合，只顾自己选择昂贵食物或大菜的人，虽然有决断力，但缺乏协调精神。他们很少关心周围人想做什么，以及如何看待自己，等等。

5．总是无法决定要吃什么：毫无决断力

像F这种总是犹豫不决的人，不用说，当然是典型的优柔寡断型。这种决断力的缺乏，可以说是被心中那个处于童年期的自我所控制。他们总觉得自己还在童年时代，只要有可能，他们就会选择向周围人寻求意见。

即便在人生的重大决定上，这类人也会轻易被别人的意见所影响。他们很想探求自己的真实欲望和想法，但是，他们又不敢表现真实自我，生怕自己特立独行，对他们来说，直接随大流，大家都这么做，所以自己也要这么做，这种行事方式是最省事的。

还有一种上面例子里没有提到的人，他们点东西时，经常让他人替自己做出决定，这类人也属于没有决断力的优柔寡断型。

通过以上分析，不知大家是否注意到了，决断力的有无到底和什么心理有关呢？用一句话来说，就是“对自己有没有信心”。越是自信的人越是具备决断力，越是不自信的人越是缺乏决断力。由此可见，决断力是一种只有对自己有了积极正面的评价后，才能发挥出来的能力。

解码微反应

◇朋友喜欢口味重的食物

这类人的性格果断，待人接物比较稳重，对人有礼貌，做事有计划，喜欢埋头苦干，但是常常不太重视人与人之间的情感，有时还有点虚伪。

◇朋友喜欢吃酸

这种人比较有事业心，但是个性孤僻，不善交际，遇事喜欢钻牛角尖，很少有知心朋友。

◇朋友喜欢吃辣

这类人善于思考，比较有主见，常常是吃软不吃硬，有时爱挑剔别人身上的小毛病。

酒后吐真言，从醉态看人的真性情

俗话说得好："喝酒看人品，酒后看性格。"诚然，一个人在酒桌上的表现能看出他的人品和性格，这就是人际交往潜规则里常说的"酒品如人品"。一个人喝醉酒后无意识的"酒后吐真言"，就能反映出他原本的性格特点。

日常生活中，我们总是把心里这扇门关得紧紧的。因此，无论是他人还是自己的真实一面都难以被人了解。而喝酒却可以让这一切得到释放。因为喝酒能够放松紧张的神经，在酒精的麻痹之下，人们或多或少、不自然地就会放松自己，从而展露出真性情。下面就来说说不同的酒后行为所暴露出的性格。

1. 酒后心情愉悦

有些人喝酒之后显得心情非常愉悦，但并不特别兴奋，这类人心胸开阔，性格开朗，既有忠肝义胆，又有侠骨柔情，喜欢与人沟通，能正确面对现实，热爱生活，对未来充满信心。

2. 醉后爱笑

喝醉酒后哈哈大笑的人是乐观主义者，并且为人随和，不拘小节，富有幽默感。

3. 酒醉倒头就睡

这类人性格随和，比较宽宏大度，不会因小事与人斤斤计较，容易与人相处，但很少与人交流。对生活现状比较满意，对将来没有太高要求和设想。这类人没有遇到太多的坎坷，生活大都一帆风顺。

4. 酒后喜欢信口开河

有些人酒后便谈天说地，抒发自己的一片伟大理想，而在现实中，这些人往往怯懦及消极，颇有点怀才不遇的感觉，所以满腹的牢骚只能借酒发泄。

5. 酒后失去控制力

有的人酩酊大醉后，无法保持理智，寻衅滋事，这类人性格内向，平时少言寡语，生活不如意，自尊心强，怕别人看不起，喝酒之后，不满的情绪就像是开闸的洪水一样倾泻而出。这样的人生活始终不如意，总感觉自己是穷途末路，对未来没有信心。

6. 酒后哭泣

这种人悲伤消极，心里自卑，并且时常不受重视，对生活充满了不满。

7. 酒后郁闷

喝完酒后郁郁寡欢，看见什么事情都伤心，想起什么都能流泪，越想越委屈，越想越难过。这类人心思细腻，善于察言观色，很会关心他人。心胸比较狭窄，常因为一件小事而闷闷不乐，怕被别人耻笑而不愿与人倾诉。总感觉生活中有不如意的地方，因此只能借酒消愁。

8. 酒后失神

有的人喝酒之后眼睛发直，神情颓废，这种人虽然平时性情温和，但内向消极、欲求不满，容易喝醉。

9. 喜欢独醉

喜欢独自饮酒的人，一般性格孤僻，他们常常感到孤独，郁郁寡欢，人际交往中，他们显得拘谨，甚至有些怯懦。

酒醉有百态，不一样的表现代表着不一样的性情，这是我们难以掩饰的。可见，人们常说“酒后吐真言”是很有道理的，从醉酒后的姿态，就能帮助我们了解一个人的性情。

解码微反应

◇男人拼命劝你喝酒。这种男人通常是不可交的，既没有风度又动机不纯，或者为财，或者为利，或者为色，无论哪一种都不可取，这种人不能成为朋友。

◇男人不劝也不在乎你喝多少。这种男人往往相当理智，可以引为朋友，你能从他身上学到很多东西。只是你们的交往就像品酒，浅尝辄止。

◇男人不劝你喝酒，但心里不想你喝多。这种男人是性情中人，他或许还很喜欢你，你如果喜欢他，自然可以和他交往，往往一段美丽的故事就此开始，他会宠你、爱你，但不会粗暴干涉你，会给你充分的自由。

◇男人为你挡酒。这种男人很有风度，宁可自己烂醉如泥，也不会让你喝多，宁可得罪朋友，也不会让女人委屈，这样的男人当然值得交往，但是别去爱上他，他只是适合做大哥，某些时候一定会给你一些帮助，而跟这类人结婚，你会很累的。

◇男人不允许女人喝酒。这种男人往往是大男子主义，在他的世界里，只有他说了算，现在这样的男人不多见了，但是却是最可怕的。他的占有欲太强，即使你跟他做朋友也很难相处，所以也要躲开他。

吐烟圈虽酷，但会暴露你的性格

缓解情绪的方法很多，抽烟就是其中之一。很多人抽烟还喜欢吐烟圈，不过你可要注意了，吐烟圈的动作会随时暴露你的性格和情绪。因为不同的吐烟圈方式，代表着不同的内心世界。那么，如何通过吐烟圈的方式来看出一个人的内心呢？

一般来说，喜欢吐烟圈的人都有一些共同的特点，比如支配欲和占有欲强烈，非常自我，讨厌各种约束；做事独来独往，性格外向，喜欢交际，重情义，不计较小事，只要不触犯底线就能平静地去面对，这样的人往往人缘比较好。不过，我们还应该注意吐烟圈的细节，细节不同，人的性格也会有所不同。

1. 朝上吐烟圈

这类人有很强的自信心与优越感，无论是对工作，还是对生活，都怀着积极的态度。他们坚信只要尽力，没有做不成的事情。另一方面，这个动作也可以展示强悍、凶狠的形象，比如，在影视剧中常见的黑老大，大多是坐在椅子上，手里叼根烟，斜仰着头吞云吐雾，一副狂妄的样子。

2. 朝下吐烟圈

这类人不但缺乏自信心，而且心中充满怀疑，大多是悲观主义者。面对生活中的一切都无精打采，他们认为生活是痛苦与不幸的，并对生活抱有非常消极的态度。所以，地位卑微、处于弱势群体的人，往往会表现出食指和拇指将香烟倒扣在手里，从嘴角把烟吐出来的动作。

3. 快速吐烟圈

情绪的波动对一个人的影响是很大的，一个人吐烟圈的快慢也受到情绪的影响。比如，吸烟时快速吐烟圈的人一般状态都比较良好，心态比较积极，内心充满自信。同时，做这个动作的人还说明他内心怀有一种优越感。

4. 缓慢吐烟圈

什么样的人才会慢慢地吐烟圈呢？一般来说，人处于一种消极、压抑，或是失望的情绪状态时，就会慢慢地吐着烟圈。不过，这与气定神闲地点上一支烟，慢悠悠地吸是不同的。

5. 从鼻孔中喷烟

有不少抽烟的人习惯从鼻孔喷烟，如果抬着头从鼻孔喷烟是一种狂傲、自信的表现，那么一个人鼻孔喷烟，同时把头朝下，此时这个人很可能处于一种心情非常糟糕的状态之中。

解码微反应

◇喜欢把烟夹于食指和中指后端。这类人办事小心慎重，考虑全面，解决问题较理性。他们一旦制定出某一方案，则难以改变。除非你提出非常充足的理由，不然难以使他“回心转意”。

◇喜欢把烟夹于食指和中指前端。这类人擅长与人相处，口才颇佳，为人随和。但优柔寡断，易受别人影响。办事也容易急躁，缺乏系统思维。与此类人谈判，只要你稍用复杂的解释打乱他的思路，就容易获得成功。

◇喜欢跷起大拇指抵住下巴，食指与中指夹烟。这类人一般是表现欲较强但却不善于表达其内心的感情的顽固型的人。他们意志力强，对朋友真诚。但与此类人相处，往往需要花时间。

◇喜欢把烟叼于双唇间，而手另做其他事。这类人是工作狂，全身心地投入自己的事业。对自己的工作和事业倍感自信，有时在公开场合加以炫耀。此外，这类人喜欢别人的吹捧，给他们美言几句，就会忘乎所以。

刷牙小习惯展示你的内在修养

刷牙虽然属于日常生活的小事，但就是这样的小事却可以窥探人的一些性格，比如像刷牙的方式这样无意识的动作透露着一个人内心很多的秘密以及内心真实的性格倾向。那么，不同的刷牙方式代表着怎样的性格呢？

不同的刷牙方式，能够反映出我们不同的内心，它在一定程度上展示一个人的内在修养和心理。每个人的刷牙习惯都不一样，有的人一天两次，有的人一天一次。就是这样一个普通的卫生习惯，其中隐藏着人们不一样的性格特征。下面我们就来了解一下自己究竟是什么样性格的人吧！

1. 上下刷

这类人懂得自爱，是个有进取心的人。他们从小就知道怎样安排自己的生活，为自己争取应得的利益。这种人尊重生活中的游戏规则，讨厌别人用不公平的手段来与自己竞争。在人际关系方面，他们不会让他人占便宜，也不会接受他人无缘无故的好处。他们追求把工作做好，并且要做出高境界的效果。

2. 左右刷

这类人有时候会拒绝接受正确的事物，比如明明知道自己犯了错，但他们会继续让自己错下去，或者他们觉得突然之间纠正错误，会更加令人觉得自己犯了错。因此，这类人有许多掩饰性的行为。比如，他们一点也不喜欢自己的工作，但又不敢换工作，甚至还摆出一副敬业乐业的模样。这类人做事情往往只注重过程不注重结果，生活中这类人占大多数。

3. 只在早上刷牙

这类人非常介意别人对自己的看法。他们刷牙不是为了自己的健康，而是在意别人会不会评论他们嘴中的异味。每天早上离开家时，他们都确定自己以最佳的状态面对这个世界。从小时候起，这种人就习惯于以别人对他们的期望作为其奋斗的目标。对他们而言，信心是建立在别人对自己评价的基础上，而不是自己追求的生活标准。

4. 只在睡前刷牙

这类人可能是脚踏实地、实事求是的人。他们从不会浪费自己的精力去做一些无聊的事情。在工作方面，他们会根据自己所获得的酬劳，去估计应该对工作有多少投入；与他人沟通时，他们会清晰地表达自己的立场，但不会做过多的解释，更不理会别人对自己的看法。从卫生习惯来讲，他们有些只顾自己的感受，而全然不顾对社会的影响。

5. 每天刷牙三次或以上

这类人有点神经质，许多事情他们都要做完之后反复检查才能安心。他们要求亲密的伴侣不断地以不同的方式向自己示爱，起初对方觉得他们是追求浪漫的人，但不久便会发觉原来他们大都缺乏安全感。他们的确很注重个人卫生，但极有可能是因为被比较亲密的异性伴侣指责过他们不讲卫生。

你有着怎样的刷牙习惯呢？或许你不会想到刷牙也能看出一个人的性格，但这确实存在一定的科学性。如果不想被他人看透或是想给他人留下好的印象，就从改变你的刷牙习惯开始吧！

解码微反应

◇喜欢从牙膏头上挤牙膏。此类人做事心急，有事马上就想做完，做不完就会周身不舒服。他们性格独立，活泼好动，人际关系好。比较重视事物的结果，而不太注重过程。因此，他们最适合做领导，且不太适合做生意。

◇喜欢从牙膏中部挤牙膏。此类人喜欢表现自己，但不太注重细节，懂得享受生活，人缘也好，但容易冲动。生活中他们是乐天派，工作中却不够严谨。有固定收入，有得玩、有得吃是他们的人生乐趣。

◇喜欢从牙膏后部挤牙膏。此类人做人非常严谨，很注重自己的形象，喜欢穿名牌衣服，喜欢被人赞扬，爱面子，他们做事从不求大，只求精，是很踏实的人。对于工作他们能完成得很漂亮，是工作中的一把好手。这类人适合做生意，或者做个小官。

心理小测试：透过生活习惯读懂一个人

生活习惯透露着一个人的性格，那么，如何从生活习惯看出一个人的性格呢？下面我们来看一个心理小测试，这个小测试是由中国现代心理研究所以著名的美国兰德公司拟制的心理测试为蓝本，并根据中国人心理特点加以适当修改后形成的心理测试。

需要注意的是，测试时每题只能选择一个答案，把相应答案的分值加在一起即为你的得分。

测试内容

1. 你更喜欢吃那种水果？

A. 草莓 2分　　B. 苹果 3分

C. 西瓜 5分　　D. 菠萝 10分

E. 橘子 15分

2. 你平时休闲喜欢去什么地方？

A. 郊外 2分　　B. 电影院 3分

C. 公园 5分　　D. 商场 10分

E. 酒吧 15分　　F. KTV 20分

3. 你认为什么样的人能够吸引你？

A. 有才气的人 2分　　B. 依赖你的人 3分

C. 优雅的人 5分　　D. 善良的人 10分

E. 性情豪放的人 15分

4. 如果让你变成动物，你希望自己变成什么？

A. 猫 2分
B. 马 3分
C. 大象 5分
D. 猴子 10分
E. 狗 15分
F. 狮子 20分

5. 天气很热，你更愿意选择以下哪一种方式解暑？

A. 游泳 5分
B. 喝冷饮 10分
C. 开空调 15分

6. 如果必须选择一个你讨厌的动物或昆虫在一起生活，你会选哪个？

A. 蛇 2分
B. 猪 5分
C. 老鼠 10分
D. 苍蝇 15分

7. 你喜欢看哪类电影、电视剧？

A. 悬疑推理类 2分
B. 童话神话类 3分
C. 自然科学类 5分
D. 伦理道德类 10分
E. 战争枪战类 15分

8. 以下哪个是你身边必带的物品？

A. 打火机 2分
B. 口红 2分
C. 记事本 3分
D. 纸巾 5分
E. 手机 10分

9. 你喜欢坐什么交通工具出行？

A. 火车 2分
B. 自行车 3分
C. 汽车 5分
D. 飞机 10分
E. 步行 15分

10. 以下颜色你更喜欢哪种？

A. 紫 2分
B. 黑 3分
C. 蓝 5分
D. 白 8分
E. 黄 12分
F. 红 15分

11. 下列运动中你最喜欢哪一项？

A. 瑜伽 2分　B. 自行车 3分
C. 乒乓球 5分　D. 拳击 8分
E. 足球 10　F. 蹦极 15分

12. 如果你拥有一座别墅，你认为它应该建在哪里？

A. 湖边 2分　B. 草原 3分
C. 海边 5分　D. 森林 10分
E. 城中区15分

13. 你更喜欢以下哪种天气现象？

A. 雪 2分　B. 风 3分
C. 雨 5分　D. 雾 10分
E. 雷电 15分

14. 你希望自己的窗口在一座30层大楼的第几层？

A. 7层 2分　B. 1层 3分
C. 23层 5分　D. 18层 10分
E. 30层 15分

15. 如果可以选择，你希望在以下哪一个城市中生活？

A. 丽江 1分　B. 拉萨 3分
C. 昆明 5分　D. 西安 8分
E. 杭州 10分　F. 北京 15分

测试结果

180分以上：你意志力强，头脑冷静，有较强的领导欲，事业心强，不达目的不罢休；外表和善，内心自傲，对有利于自己的人际关系比较看重，有时显得性格急躁，咄咄逼人，得理不饶人，不利于自己时顽强抗争，不轻易认输；思维理性，对爱情和婚姻的看法很现实，对金钱的欲望一般。

140～179分：你性格活泼，善于交朋友，心机较深；事业心强，金钱欲望强烈，渴望成功；思维较理性，崇尚爱情，但当爱情与婚姻发生冲突时会选择有利于自己的婚姻。

100～139分：你性格倔强、孤傲，有时急躁，有时优柔寡断；事业心较强，喜欢有创造性的工作，不喜欢按常规办事；思维较感性，以是否与自己投缘为标准来选择朋友；崇尚浪漫的爱情，但想法往往不切合实际。

70～99分：你好奇心强，但耐心较差，喜欢冒险，但有时较胆小；事业心一般，对待工作，随遇而安，善于妥协；善于发现有趣的事情，渴望浪漫的爱情，但对婚姻的要求比较现实，不善理财。

40～69分：你性格稳重、温和，但有时也比较狡黠；事业心一般，对本职工作能认真对待，但对自己专业以外的事物没有太大兴趣，喜欢有规律的工作和生活，不喜欢冒险；家庭观念强，比较善于理财。

40分以下：你性格散漫，聪明机灵；待人热情，喜欢交朋友，但对朋友没有严格的选择标准；事业心较差，更善于享受生活，意志力和耐心都较差，喜欢我行我素；有较好的异性缘，但对爱情不够坚持认真，容易妥协。

附录
APPENDIX

微反应的尖端应用一：测谎

学习、掌握微反应，可以应用的领域非常多，其中测谎可谓是微反应最尖端的应用之一。不过微反应并不是“公式化”的神技，不是轻易就能掌握的，它有着复杂的一面。只有学会分析微反应，才能够准确判断他人是否在说谎，从而及时制定应对策略，避免被欺骗或造成损失。

当然，要测谎就必须先了解什么是说谎。通常我们将说谎定义为：存心误导别人的有意行为，事先未透露其目的，并且对方也没有明确要求被误导。从字面上来看，这样的定义意思表达得很清晰，但依旧不够全面。更为确切地说，说谎行为最核心的特征是表达与认知相矛盾。打个比方，如果一个人脑子里想的是1，但嘴里说出来的是2，那么他就在说谎。

因此，我们可以得知，判断一个人是否在说谎，至少要知道两个信息，即行为人“想的是什么”和“说的是什么”。如果表达的内容和认知存在矛盾，也就是说，想的和说的不一样，那么就可以认定行为人说谎了。

说谎又可以细分成两种：一种是否认真实的信息，“不知道”或者“不是这样的”，或者用沉默来拒绝回应，学术上将其称为“掩藏型说谎”；另一种是编造虚假的信息来代替真实的信息，把黑说成白，或者把黑说成有点黑也有点白，学术上将其称为“捏造型说谎”。

无论是哪种谎言，微反应都是分析谎言的最佳方法之一，下面我们通过一个简单的案例来说明对谎言获取和判断的过程。

一个人不小心被绊倒了，重重地摔在地上。他的脸上立刻显出痛苦的表情，同时又立刻起身装出没事的样子，这些都是不设防的生理反应。此时如果你问他“疼吗”，出于种种原因，他会回答：“没事，不疼。”其实，他是在说谎。

这里，认知等于疼痛，我们可以通过表情和动作，非常清楚地得知他感受到的痛苦表情；表达等于“没事，不疼”。可见，表达与认知是相矛盾的，所以判定他说谎了。

上述的例子，行为人会非常努力地抑制和掩饰，导致真实的生理反应和情绪反应被大幅削减。但是，身体所表现出来的微反应还是无法做到滴水不漏，依旧可以判断出行为人的主观认知和感受。只要将行为人明确表达出来的内容与其微反应进行对比，就能弄清楚他是不是在说谎了。

又如，你所听到的行为人的语言即便都很谦虚、低调、顺从，但是如果他在讲这些话的时候，微微用力地捏紧了拳头，就可以判断出他的语言表达和情绪反应不符，语言表达的是弱势的服从，而身体的小动作却出卖了大脑中的愤怒，由此可以判断出行为人的语言表达只是一种伪装。

从中我们可以得知他语言中的内容可信度较低，更重要的是他的态度在“说谎”。很多刑事案件和反贪案件中，判断嫌疑人在细枝末节的信息上是否说谎不是最重要的任务，而是要精准掌握嫌疑人的态度，也就是主观意图。一旦被狡猾的嫌疑人用策略和演技牵着鼻子走，就可能丧失机会，甚至前功尽弃。

因此，我们之所以不能用简单的公式来判断一个人是否在说谎，就是因为说谎的本质是表达和认知相矛盾。要想戳穿谎言，必须要知道主观认知是什么，表达的又是什么，二者缺一不可。我们学习微反应的目的就是通过间接判断行为人的主观认知与表达之间的矛盾，从而让其谎言不攻自破。

微反应的尖端应用二：刑事诉讼

微反应在测谎领域发挥着重要作用，它是了解一个人内心想法的重要手段。这种特性使得其在刑事诉讼中被广泛应用，人们可以通过记录犯罪嫌疑人、被告人、证人或者被害人的具体表现，判断分析其是否存在虚假供述或者陈述，了解其内心世界，并得出初步结论，从而推进案件的进展。微反应之所以能够在刑事诉讼中得到应用，是因为其自身的特点。

首先，微反应作为判断的方法，它具有主客观统一性。这主要体现在两个方面：一是体现在判断者运用微反应对被观察者的客观行为进行抽象的、主观的分析，二是体现在被观察者的内心主观活动通过外在客观行为的表现。

其次，微反应的判断方法的科学性、瞬时性和及时性。一个人在受到刺激后所做出的第一反应往往是真实的，这种反应是被测试人毫无防备的、瞬时性的、未经雕琢的内心活动的外在表现。在测试者或第三人与被测试者的交流中，测试者能够准确及时地捕捉被测试者在交流中的具体表情和动作等信息，并且运用微反应知识来分析判断交谈者是否在说谎。

再次，微反应的判断方法具有逻辑性特点。微反应的判断方法并不是凭主观想象，而是建立在被测试者一系列的小动作和微表情等的具体数据之上得出的结论。测试者也不仅仅是凭借被测试者单一的某个动作轻易地下结论，而是综合被观察者的许多反应，通过缜密的逻辑思维，运用观察、判断、剔除、整理、分析等抽象活动得出的真实论断。

由此可见，微反应在刑事诉讼中的应用并不是毫无根据的，它具有一定的准确性，而且能够起到很好的辅助作用。

第一，能为发现案件事实、寻找相关证据提供方向指引。虽然微反应这种方法同测谎一样，其所得出的结论并不能作为我国法定的证据，不能够用作定案的依据，但是它依旧能够起到一定的作用。比如，在审案过程中，可以通过微反应判断嫌疑人是否讲真话，从中得到一定的真实信息。

第二，可以为审理案件提供新手段，从而减少刑讯逼供。犯罪嫌疑人是最了解自己有无犯罪以及如何犯罪的，因此通过犯罪嫌疑人的供述找到证据也最为方便。但是大多数时候，犯罪嫌疑人不屈打不成招，如果想要改变这种状态，做到司法文明，微反应是一个很好的方法。

第三，能为判断分析言辞证据的真伪提供科学的分析方法。新的刑事诉讼法对于证人出庭做证有了更为详细的规定，随着司法改革的进步和诉讼模式的完善，将会有越来越多的证人出现在法庭上。那么，如何分辨证人的言辞是否属实？通过微反应我们就能很好地分辨一个证人是否在做伪证了。

第四，能增强断案的信心。我国的法律规定，对一个案件的判处，要做到排除合理怀疑的程度，否则不能认定被告人有罪并处以刑罚。实现排除合理怀疑，达到内心确认的程度，其实是一个建立在客观证据基础上的主观判断问题。不仅仅是审判人员，侦查人员、检察人员都可以通过讯问犯罪嫌疑人、被告人、证人、被害人，观察他们的微反应，以确定他们是否在做真实的供述或陈述，并结合具体的证据，增强内心的确认，减少错案率。

综上所述，微反应在刑事诉讼中的应用非常值得肯定，但我们依旧要注意运用微反应判断证据必须注意两个问题：一是不能运用通过观察犯罪嫌疑人的微反应得出的结论作为采取强制措施、审查起诉乃至定案的依据；二是不能过分迷信微反应的作用，因为微反应作为一种新兴学科，理论还有待完善。因此，只能将微反应作为戳穿犯罪嫌疑人、增强内心确认、提供方向性指引的一种手段。